计算机技术及实践应用研究

王晓雨　郭志英　杜　芸　著

北方文艺出版社
哈尔滨

图书在版编目（CIP）数据

计算机技术及实践应用研究 / 王晓雨, 郭志英, 杜芸著. -- 哈尔滨 : 北方文艺出版社, 2024.4
ISBN 978-7-5317-6211-9

Ⅰ. ①计… Ⅱ. ①王… ②郭… ③杜… Ⅲ. ①计算机技术—研究 Ⅳ. ①TP3

中国国家版本馆CIP数据核字(2024)第087200号

计算机技术及实践应用研究
JISUANJI JISHU JI SHIJIAN YINGYONG YANJIU

作　　者 / 王晓雨　郭志英　杜　芸
责任编辑 / 邢　也　　封面设计 / 郭　婷

出版发行 / 北方文艺出版社　　邮　　编 / 150008
发行电话 / (0451) 86825533　　经　　销 / 新华书店
地　　址 / 哈尔滨市南岗区宣庆小区 1 号楼　　网　　址 / www.bfwy.com

印　　刷 / 北京四海锦诚印刷技术有限公司　　开　　本 / 787mm × 1092mm　1/ 16
字　　数 / 200千字　　印　　张 / 11.5
版　　次 / 2025 年 1 月第 1 版　　印　　次 / 2025 年 1 月第 1 次印刷

书　　号 / ISBN 978-7-5317-6211-9　　定　　价 / 68.00 元

前言

随着经济建设和社会发展的不断进步，计算机普及率在快速增长，计算机信息技术的发展也日新月异。科技是第一生产力，计算机信息技术则是现代先进科学技术体系中要素之一，它在农业、工业、商业、国防、科学研究、文化教育、医疗卫生等众多领域得到较为广泛的应用，并在这些领域产生了积极且深远的影响。互联网平台的快速发展，推动了计算机应用技术的发展，然而由于受到多因素影响，致使我国计算机应用技术存在较多问题，技术人员必须深入分析计算机技术应用情况，掌握数字化、信息化与智能化发展趋势后，应当结合行业要求实施创新改革，同时开发新型计算机应用技术，以此促进社会全面发展与计算机应用技术的发展。

本书是一本探讨计算机技术及实践应用方面的书籍，旨在为相关工作者提供有益的参考和启示，适合对此感兴趣的读者阅读。本书详细介绍了计算机基础，让读者对计算机有初步的认知；深入分析了计算机控制技术、计算机网络技术、计算机安全的主要防护技术等内容，让读者对计算机技术有更深入的了解；着重强调了计算机网络安全技术的创新应用，以理论与实践相结合的方式呈现。计算机技术具有高速度、高效率等诸多优点，在各个领域得到了广泛使用。计算机技术已成为社会发展的重要组成部分，并且促进社会经济的发展。希望通过本书能给相关工作者提供一些有益的参考和借鉴。

从本书构思开始直到书稿完成，作者在各个环节上都付出了巨大的努力，特别是在各章初稿写作完成后，写作组还就本书在结构布局、内容繁简、逻辑关系等方面存在的问题进行了认真修改，对不甚规范的句式标点也一一做了校正。但由于写作人员水平有限，书中的不足之处敬请各位读者批评指正，以便在日后修订中修改完善。

目录

第一章 计算机基础

第一节 计算机概述

一、计算机的概念

人类在其漫长的文明史上，为了提高计算速度，不断发明和改进各种计算工具。人类最早的计算工具可以追溯到中国唐代发明的、迄今仍在使用的算盘。在欧洲，16 世纪出现了对数计算尺和机械计算机。到了 20 世纪 40 年代，一方面由于科学技术的发展，对计算量、计算精度、计算速度的要求在不断提高，原有的计算工具已经满足不了需求；另一方面，计算理论、电子学以及自动控制技术等的发展，也为电子计算机的出现提供了可能。因此，在 20 世纪 40 年代中期诞生了第一台电子计算机。

“计算机”顾名思义是一种计算的机器，由一系列电子元器件组成。计算机不同于以往的计算工具，其主要特点如下：①计算机在处理信息时完全采用数字方式，其他非数字形式的信息，如文字、声音、图像等，要转换成数字形式才能由计算机来处理。②计算机在信息处理过程中，不仅能进行算术运算，而且还能进行逻辑运算并对运算结果进行判断，从而决定之后执行什么操作。③只要人们把处理的对象和处理问题的方法步骤以计算机可以识别和执行的“语言”事先存储到计算机中，计算机就可以完全自动地进行处理。④计算机运算速度快、计算精度高，可以存储大量的信息。⑤计算机之间可以借助通信网络互相连接起来，共享信息。

由此可见，计算机是一种可以自动进行信息处理的工具，具有运算速度快、计算精度高、记忆能力强、自动控制、逻辑判断等特点。

计算机可以模仿人的部分思维活动，代替人的部分脑力劳动，按照人的意愿自动工作，所以也把计算机称为“电脑”。

二、计算机的类型

根据计算机处理对象的不同，可以将计算机分为数字计算机、模拟计算机和数字模拟混合计算机。数字计算机输入输出的都是离散的数字量；模拟计算机直接处理连续的模拟量，如电压、温度、速度等；数字模拟混合计算机输入输出的既可以是数字量也可以是模拟量。

根据计算机用途的不同，可以将计算机分为通用计算机和专用计算机。通用计算机能解决多种类型的问题，应用领域广泛；专用计算机用于解决某个特定方面的问题，如我们在火箭上使用的计算机就是专用计算机。

通用计算机按其综合性能可以分为巨型计算机、大型计算机、中型计算机、小型计算机和微型计算机、单片计算机以及工作站。

巨型计算机主要用于解决大型的、复杂的问题。巨型计算机已成为衡量一个国家经济实力和科技水平的重要标志。单片计算机则只由一块集成电路芯片构成，主要应用于家用电器等方面。综合性能介于巨型计算机和单片计算机之间的有大型计算机、中型计算机、小型计算机和微型计算机，它们的综合性能依次递减。

工作站既具有大、中、小型计算机的性能，又有微型计算机的良好的人机交互界面，且操作简便，最突出的特点是图形图像处理能力强。它在工程领域，特别是计算机辅助设计领域得到了广泛应用。

三、计算机系统

随着计算机功能的不断增强，应用范围不断扩展，计算机系统也越来越复杂，但其基本组成和工作原理还是大致相同的。一个完整的计算机系统由硬件系统和软件系统组成。

（一）计算机基本工作原理

世界上第一台电子数字计算机ENIAC诞生后，计算机之父约翰·冯·诺依曼（John von Neumann）提出了新的设计思想，主要有两点：一是计算机应该以二进制为运算基础，二是计算机应该采用“存储程序和程序控制”方式工作。并且进一步明确指出整个计算机的结构应该由五个部分——运算器、控制器、存储器和输入设备、输出设备组成。冯·诺依曼的这一设计思想解决了计算机的运算自动化的问题和速度匹配问题，对后来计算机的发展起到了决定性的作用，标志着计算机时代的真正开始。

程序就是完成既定任务的一组指令序列，每一条指令都规定了计算机所要执行的一种基本操作，计算机按照程序规定的流程依次执行一条条的指令，最终完成程序所要实现的目标。

计算机利用存储器来存放所要执行的程序，中央处理器（Central Processing Unit，CPU）依次从存储器中取出程序中的每一条指令，并加以分析和执行，直至完成全部指令任务为止。这就是计算机的“存储程序和程序控制”工作原理。

计算机不但能够按照指令的存储顺序依次读取并执行指令，而且还能根据指令执行的结果进行程序的灵活转移，这就使得计算机具有了类似于人的大脑的判断思维能力，再加上它的高速运算的特征，计算机才真正成为人类脑力劳动的有力助手。

（二）计算机硬件系统

计算机硬件是计算机系统中所有物理装置的总称。目前，计算机硬件系统由五个基本部分组成，它们是控制器、运算器、存储器、输入设备和输出设备。控制器和运算器构成了计算机硬件系统的核心——CPU。存储器可分为内部存储器和外部存储器，简称为内存和外存。

1. 控制器

计算机硬件系统的各个组成部分能够有条不紊地协调工作，都是在控制器的控制下完成的。在程序运行过程中，控制器取出存放在存储器中的指令和数据，按照指令的要求发出控制信息，驱动计算机工作。

2. 运算器

运算器在控制器的指挥下，对信息进行处理，包括算术运算和逻辑运算。运算器内部有算术逻辑部件（Arithmetic and Logic Unit，ALU）和存放运算数据和运算结果的寄存器。

3. 存储器

存储器的主要功能是存放程序和数据。通常把控制器、运算器和内存储器称为主机。存储器中有许多存储单元，一个存储单元由数个二进制位组成，每个二进制位可存放一个“0”或“1”。通常一个存储单元由 8 个二进制位组成，为一个字节。所有的存储单元都按顺序编号，这些编号称为地址。

向存储单元送入信息的操作称为“写”操作，从存储单元获取信息的操作称为“读”操作。

存储器中所有存储单元的总和称为这个存储器的存储容量。存储容量的单位包括千字节（KB）、兆字节（MB）、千兆字节（GB）和太字节（TB）等。

（1）内存

内存又叫作主存储器（简称主存），由大规模或超大规模集成电路芯片构成。内存分为随机存取存储器（Random Access Memory，RAM）和只读存储器（Read-Only Memory，ROM）两种。RAM 用来存放正在运行的程序和数据，一旦关闭计算机（断电），

RAM 中的信息就丢失了。ROM 中的信息一般只能读出而不能写入，断电后，ROM 中的原有信息保持不变，在计算机重新开机后，ROM 中的信息仍可被读出。因此，ROM 常用来存放一些计算机硬件工作所需要的固定的程序或信息。

（2）外存

外存又称为“辅助存储器”，用来存放大量的需要长期保存的程序和数据。计算机若要运行存储在外存中的某个程序时必须将它从外存读到内存中才能运行。外存按存储材料的不同可以分为磁存储器和光存储器。

磁存储器中较常用的有硬盘，其工作原理是将信息记录在涂有磁性材料的金属或塑料圆盘上，依靠磁头存取信息。硬盘由接口电路板、硬盘驱动器和硬盘片组成。硬盘驱动器和硬盘片被密封在一个金属壳中，并固定在接口电路板上。

硬盘的性能指标主要体现在容量、转速、缓冲区、数据传输速率和接口类型上。硬盘转速越快、缓冲区越大、数据传输速率越高，硬盘存取性能越好。

光存储器由光盘驱动器和光盘片组成。光存储器的存取速度要慢于硬盘。光盘驱动器的主要性能指标有数据传输速率、缓冲区和接口类型。数据传输速率越高、缓冲区越大，光盘驱动器存取性能越好。数据传输速率指的是光盘驱动器每秒钟能够读取多少千字节（KB）的数据量，以每秒 150KB 为基准。通常所说的 40×（倍速）的光盘驱动器，表示光盘驱动器的数据传输速率为 40×150KB=6MB。

4. 输入设备

（1）键盘

键盘是计算机最常用也是最主要的输入设备。键盘有机械式和电容式、有线和无线之分。用于计算机的键盘有多种规格，目前普遍使用的是 104 键的键盘。

（2）鼠标

鼠标是一种指点设备，它将频繁的击键动作转换成为简单的移动、点击。鼠标彻底改变了人们在计算机上的工作方式，从而成为计算机必备的输入设备。鼠标有机械式和光电式、有线和无线之分；根据按键数目的不同，又可分为单键、两键、三键以及滚轮鼠标。

（3）笔输入设备

笔输入设备兼有鼠标、键盘和书写笔的功能。笔输入设备一般由两部分组成：一部分是与主机相连的基板；另一部分是在基板上写字的笔。用户通过笔与基板的交互，完成写字、绘图、操控鼠标等操作。基板在单位长度上所分布的感应点数越多，对笔的反应就越灵敏。压感是指基板可以感应到笔在基板上书写的力度，压感级数越高越好。基板感应笔的方式有电磁式感应和电容式感应等。

（4）扫描仪

扫描仪（Scanner）是常用的图像输入设备，它可以把图片和文字材料快速地输入计算机。扫描仪通过将光源照射到被扫描材料上来获得材料的图像，被扫描材料将光线反射到扫描仪的光电元器件上，由于被扫描材料不同的位置反射的光线强弱不同，光电元器件将光线转换成数字信号，并存入计算机中，然后就可以用相关的软件进行显示和处理了。

（5）数码相机

数码相机（Digital Camera，DC）是集光学、机械、电子于一体的产品。与传统相机相比，数码相机的“胶卷”是光电器件，当光电器件表面受到光线照射时，能把光线转换成数字信号，所有光电元器件产生的信号加在一起，就构成了一幅完整的画面。数字信号经过压缩后存放在数码相机内部的“闪存”存储器中。

数码相机的优点是显而易见的，它可以即时看到拍摄的效果，可以把拍摄的照片传输给计算机，并借助计算机软件进行显示和处理。

5.输出设备

（1）显示器

显示器是计算机最常用也是最主要的输出设备。计算机的显示系统包括显示器和显示卡，它们是独立的产品。目前计算机使用的显示器主要有两类：CRT 显示器和液晶显示器。

阴极射线管（Cathode Ray Tube，CRT）显示器工作时，电子枪发出电子束轰击屏幕上的某一点，使该点发光，每个点由红、绿、蓝三基色组成，通过对三基色强度的控制就能合成各种不同的颜色。电子束从左到右，从上到下，逐点轰击，就可以在屏幕上形成图像。

液晶显示器（Liquid Crystal Display，LCD）的工作原理是利用液晶材料的物理特性，当通电时，液晶中分子排列有秩序，使光线容易通过；不通电时，液晶中分子排列混乱，阻止光线通过。这样让液晶中分子如闸门般地阻隔或让光线穿透，就能在屏幕上显示出图像来。液晶显示器有几个非常显著的特点：超薄、完全平面、没有电磁辐射、能耗低、符合环保概念。

显示器主要有三个性能指标：点距、刷新率和分辨率。点距的单位为毫米（mm），点距越小，显示效果就越好，一般来说 0.28mm 的点距已经可以满足显示要求了。刷新率通常以赫兹（Hz）表示，刷新率足够高时，人眼就能看到持续、稳定的画面，否则就会感觉到明显的闪烁和抖动，闪烁情况越明显，眼睛就越疲劳，一般要求刷新率在60Hz以上。分辨率是指显示器能够显示的像素（点）个数，分辨率越高，画面越清晰。

计算机通过显示卡与显示器进行交互。显示卡使用的图形处理芯片基本决定了该显示卡的性能和档次。显示卡上的显示存储器也是显示卡的关键部件，它的品质、运行速度、容量关系到显示卡的最终性能表现。

（2）打印机

打印机可以分为三类：针式打印机、喷墨打印机和激光打印机。针式打印机利用打印头内的钢针撞击打印色带，在打印纸上产生打印效果。针式打印机打印头上的钢针数为24针的，称为24针打印机。喷墨打印机的打印头由几百个细小的喷墨口组成，当打印头横向移动时，喷墨口可以按一定的方式喷射出墨水，打印到打印纸上。激光打印机是激光技术和电子照相技术相结合的产物，它类似复印机，使用墨粉，但光源不是灯光，而是激光。激光打印机具有最高的打印质量和最快的打印速度。喷墨打印机和激光打印机属于非击打式打印机。

（3）绘图仪

绘图仪在绘图软件的支持下可以绘制出复杂、精确的图形。常用的绘图仪有平板型和滚筒型两种类型。平板型绘图仪的绘图纸平铺在绘图板上，通过绘图笔架的运动来绘制图形；滚筒型绘图仪依靠绘图笔架的左右移动和滚筒带动绘图纸前后滚动绘制图形。绘图仪是计算机辅助设计不可缺少的工具。

其他的输入设备和输出设备有网卡、数码摄像头、声卡和音箱等。网卡的作用是让计算机能够“上网”。数码摄像头使我们通过计算机网络实现远程的面对面交流，如视频会议、视频聊天、网络可视电话等。通过声卡，计算机可以输入、处理和输出声音。声卡主要分为8位和16位两大类。多数8位声卡只有一个声音通道（单声道）；16位声卡采用了双声道技术，具有立体声效果。音箱接到声卡上的Line Out插口，音箱将声卡传播过来的电信号转换成机械信号，再形成人耳可听到的声波。音箱内有磁铁，磁性很高，最好使用防磁音箱以避免干扰CRT显示器。

（三）计算机软件系统

计算机软件是计算机系统重要的组成部分，如果把计算机硬件看成计算机的“躯体”，那么计算机软件就是计算机系统的“灵魂”。没有任何软件支持的计算机称为“裸机”，只是一些物理设备的堆积，几乎是不能工作的。只有配备了一定的软件，计算机才能发挥其作用。

实际呈现在用户面前的计算机系统是经过若干层软件改造的计算机，而其功能的强弱也与所配备的软件的丰富程度有关。

1. 计算机软件的概念

计算机软件是计算机系统中与硬件相互依存的另一部分，是程序、数据及其相关文档的完整集合。

程序是完成既定任务的一组指令序列。在程序正常运行过程中，需要输入一些必要的数据。文档是与程序开发、维护和使用有关的图文材料。程序和数据必须装入计算机内部才能工作。文档一般是给人看的，不一定装入计算机。

软件一词源于程序，到了 20 世纪 60 年代初期，人们逐渐认识到和程序有关的数据、文档的重要性，从而出现了软件一词。

2. 计算机软件的分类

（1）系统软件

系统软件居于计算机系统最靠近硬件的一层，其他软件都通过系统软件发挥作用。系统软件与具体的应用领域无关。

系统软件通常负责管理、控制和维护计算机的各种软硬件资源，并为用户提供一个友好的操作界面，以及服务于应用软件的资源环境。

系统软件主要包括操作系统、程序设计语言及其开发环境、数据库管理系统等。

（2）应用软件

应用软件是指为解决某一领域的具体问题而开发的软件产品。随着计算机应用领域的不断拓展和广泛普及，应用软件的作用越来越大。

微软（Microsoft）公司的 Office 是应用最广泛的办公自动化软件，主要包括文字处理软件 Word、电子表格软件 Excel、演示文稿软件 PowerPoint、数据库管理软件 Access 等。

Adobe 公司的 Photoshop 是图形图像处理领域最著名的软件。Photoshop 提供的强大功能足以让创作者充分表达设计创意，进行艺术创作。

Flash MX 是 Macromedia 公司出品的动画创作软件，主要应用于网页和多媒体制作。

3. 操作系统

操作系统（Operating System，OS）是计算机系统中最重要的系统软件。操作系统能对计算机系统中的软件和硬件资源进行有效的管理和控制，合理地组织计算机的工作流程，为用户提供一个使用计算机的工作环境，起到用户和计算机之间的接口作用。

只有在操作系统的支持下，计算机系统才能正常运行，如果操作系统遭到破坏，计算机系统就无法正常工作。操作系统的主要功能如下：

（1）任务管理

任务管理主要是对中央处理器的资源进行分配，并对其运行进行有效的控制和管理。

（2）存储管理

存储管理的主要任务是有效管理计算机系统中的存储器，为程序运行提供良好的环境，按照一定的策略将存储器分配给用户使用，并及时回收用户不使用的存储器，提高存储器的利用率。

（3）设备管理

设备管理就是按照一定的策略分配和管理输入输出设备，以保证输入输出设备高效地、有条不紊地工作。设备管理提供了良好的操作界面，使用户在不涉及输入输出设备内部特性的前提下，灵活地使用这些设备。

（4）文件管理

文件是相关信息的集合。每个文件必须有一个名字，通过文件名，可以找到对应的文件。计算机中的信息以文件的形式存放在存储器中。文件管理的任务就是支持文件的存储、查找、删除和修改等操作，并保证文件的安全性，方便用户使用信息。

（5）作业管理

作业是指要求计算机完成的某项任务。作业管理包括作业调度和作业控制，目的是为用户使用计算机系统提供良好的操作环境，让用户有效地组织工作流程。

4.程序设计语言

人们使用计算机，可以通过某种程序设计语言与计算机“交谈”，用某种程序设计语言描述所要完成的工作。程序设计语言包括机器语言、汇编语言和高级语言。

（1）机器语言

机器语言是计算机诞生和发展初期使用的语言，采用二进制编码形式，是计算机唯一可以直接识别、直接运行的语言。机器语言的执行效率高，但不易记忆和理解，编写的程序难以修改和维护，所以现在很少直接用机器语言编写程序。

（2）汇编语言

为了减轻编写程序的负担，20世纪50年代初发明了汇编语言。汇编语言和机器语言基本上是一一对应的，但在表示方法上做了根本性的改进，引入了助记符。例如，用ADD表示加法，用MOV表示传送等。汇编语言比机器语言更加直观，容易记忆，提高了编写程序的效率。计算机不能够直接识别和运行用汇编语言编写的程序，必须通过一个翻译程序将汇编语言转换为机器语言后方可执行。汇编语言和机器语言一般被称为低级语言。

（3）高级语言

高级语言诞生于20世纪50年代中期。高级语言与人们日常熟悉的自然语言和数学语言更接近，便于学习、使用、阅读和理解。高级语言的发明，大大提高了编写程序的效率，促进了计算机的广泛应用和普及。计算机不能够直接识别和运行用高级语言编写的程序，必须通过一个翻译程序将高级语言转换为机器语言后方可执行。常用的高级语言有C、C++、Java和BASIC等。

程序设计语言的发展过程是其功能不断完善、描述问题的方法越来越贴近人类思维方式的过程。

5. 语言处理程序

计算机只能执行机器语言程序，用汇编语言或高级语言编写的程序都不能直接在计算机上执行。因此计算机必须配备一种工具，它的任务是把用汇编语言或高级语言编写的程序翻译成计算机可直接执行的机器语言程序，这种工具就是“语言处理程序”。语言处理程序包括汇编程序、解释程序和编译程序。

（1）汇编程序

汇编程序将用汇编语言编写的程序翻译成计算机可直接执行的机器语言程序。

（2）解释程序

解释程序对高级语言编写的程序逐条进行翻译并执行，最后得出结果。也就是说，解释程序对高级语言编写的程序是一边翻译，一边执行的。

（3）编译程序

编译程序将用高级语言编写的程序翻译成计算机可直接执行的机器语言程序。

第二节　计算机应用与信息社会的关系

一、计算机的主要应用领域

（一）科学计算

科学计算也称数值计算，是指用计算机来解决科学研究和工程技术中所提出的复杂的数学问题。

（二）信息处理

信息处理也称数据处理或事务处理。人们利用计算机进行信息的收集、存储、加工、分类、检索、传输和发布，最终目的是将信息资源作为管理和决策的依据。

（三）自动控制

自动控制是指利用计算机对动态的过程进行控制、指挥和协调。用于自动控制的计算机要求可靠性高、响应及时。计算机先将模拟量如电压、温度、速度、压力等转换成数字量，然后进行处理，计算机处理后输出的数字量再经过转换，变成模拟量去控制对象。

（四）计算机辅助系统

计算机辅助系统有计算机辅助设计（Computer Aided Design，CAD）、计算机辅助制造（Computer Aided Manufacturing，CAM）、计算机辅助测试（Computer Aided Test，CAT）、计算机集成制造系统（Computer Integrated Manufacturing System，CIMS）和计算机辅助教学（Computer Aided Instruction，CAI）等。

计算机辅助设计是指利用计算机来帮助设计人员进行产品设计。计算机辅助制造是指利用计算机进行生产设备的管理、控制和操作。计算机辅助测试是指利用计算机进行自动化的测试工作。计算机集成制造系统是指借助计算机软硬件，综合运用现代管理技术、制造技术、信息技术、自动化技术、系统工程技术，将企业生产全过程中有关的人和组织、技术、经营管理三要素与其信息流、物流有机地集成并优化运行，实现企业整体优化，从而使企业赢得市场竞争。

计算机辅助教学是将计算机所具有的功能用于教学的一种教学形态。在教学活动中，利用计算机的交互性传递教学过程中的教学信息，达到教育目的，完成教学任务。计算机直接介入教学过程，并承担教学中某些环节的任务，从而达到提高教学效果，减轻师生负担的目的。

（五）人工智能

人工智能（Artificial Intelligence，AI）是指利用计算机来模仿人类的智力活动。

二、计算机与社会信息化

（一）信息化

物质、能源和信息是现代社会发展的三大基本要素。物质可以被加工成材料，能源可以被转化为动力，信息则可以被提炼为知识和智慧。

信息化是社会生产力发展的必然趋势。信息化是指在信息技术的驱动下，由以传统工业为主的社会向以信息产业为主的社会演进的过程，是培育、发展以计算机为主的智能化工具为代表的新生产力，并使之造福于社会的历史过程。

智能化工具又称信息化的生产工具，它一般必须具备信息获取、信息传递、信息处理、信息再生、信息利用的功能。与智能化工具相适应的生产力，称为信息化生产力。智能化生产工具与过去生产力中的生产工具不一样的是，它不是一件孤立分散的东西，而是一个具有庞大规模的、自上而下的、有组织的信息网络体系。这种网络性生产工具将改变人们的生产方式、工作方式、学习方式、交往方式、生活方式、思维方式等，将使人类社会发生极其深刻的变化。

信息化生产力是迄今人类最先进的生产力，它要求有先进的生产关系和上层建筑与之相适应，一切不适应该生产力的生产关系和上层建筑将随之改变。

信息化，包括信息资源，信息网络，信息技术，信息产业，信息化人才，信息化政策、法规和标准等六大要素。

1. 信息资源

信息资源是国民经济和社会发展的战略资源，它的开发和利用是信息化体系的核心内容，是信息化建设取得实效的关键。

2. 信息网络

信息网络是信息资源开发利用和信息技术应用的基础，是信息传输、交换和资源共享的必要手段。

3. 信息技术

信息技术是研究开发信息的获取、传输、存储、处理和应用的工程技术，是在计算机、通信、微电子技术基础上发展起来的现代高新技术。信息技术是信息化的技术支柱，是信息化的驱动力。

4. 信息产业

信息产业是指信息设备制造业和信息服务业。信息设备制造业包括计算机系统、通信设备、集成电路等制造业。信息服务业是从事信息资源开发和利用的行业。信息产业是信息化的产业基础，是衡量一个国家信息化程度和综合国力的重要尺度。

5. 信息化人才

信息化人才是指建立一支结构合理、高素质的研究、开发、生产、应用队伍，以适应信息化建设的需要。

6. 信息化政策、法规和标准

信息化政策、法规和标准是指建立一个促进信息化建设的政策、法规环境和标准体系，规范和协调各要素之间的关系，以保证信息化的快速、有序、健康发展。

（二）信息社会

信息社会也称为信息化社会，一般是指这样一种社会：信息产业高度发达且在产业结构中占据优势，信息技术高度发展且在社会经济发展中广泛应用，信息资源充分开发利用且成为经济增长的基本资源。

从传统的农业社会到现代工业社会，是人类社会发展历史上的一个非常重要的变革。工业社会相对于农业社会，极大地扩展了人类的生存空间，而信息社会相对于工业社会，则通过新的传播工具和方式，特别是通过新的传播理念，极大地扩展了人类的思维空间，构成了人类发展的新的平台。

（三）信息素养

在飞速发展的信息时代，信息日益成为社会各领域中最活跃、最具有决定意义的因素。基本的学习能力实际上体现为对信息资源的获取、加工、处理以及对信息工具的掌握和使用等，其中还涉及信息伦理、信息意识等。开展信息教育、培养学习者的信息意识和信息能力成为当前教育改革的必然趋势。

在这样一个背景下，信息素养正在引起世界各国越来越广泛的重视，并逐渐加入从小学到大学的教育目标与评价体系之中，成为评价人才综合素质的一项重要指标。

完整的信息素养应包括三个层面：文化素养（知识层面）、信息意识（意识层面）、信息技能（技术层面）。要成为一个有信息素养的人，必须能够确定何时需要信息，并已具有检索、评价和有效使用所需信息的能力。

信息素养不仅仅是诸如信息的获取、检索、表达、交流等技能，而且包括以独立学习的态度和方法，将已获得的信息用于信息问题解决、进行创新性思维的综合的信息能力。

信息素养的教育注重知识的更新，而知识的更新是通过对信息的加工得以实现的，因此，把纷杂无序的信息转化成有序的知识，是教育要适应现代化社会发展需求的当务之急，是培养信息素养首要解决的问题，即文化素养与信息意识的关系问题。

三、计算机使用中的道德问题

（一）计算机病毒

“计算机病毒”最早是由美国计算机病毒研究专家F. 科恩（F. Cohen）博士提出的。“计算机病毒”有很多种定义，国外最流行的定义：计算机病毒是一段附着在其他程序上的可以实现自我繁殖的程序代码。在《中华人民共和国计算机信息系统安全保护条例》中的定义：计算机病毒是指编制或者在计算机程序中插入的破坏计算机功能或者毁坏数据，影响计算机使用，并能自我复制的一组计算机指令或者程序代码。

（二）软件知识产权保护

在计算机发展过程中存在的一大社会问题是计算机软件产品的盗版问题。计算机软件的开发工作量很大，特别是一些大型的软件，往往开发时要用数百甚至上千人，花费数年时间，而且软件开发是高技术含量的复杂劳动，其成本非常高。由于计算机软件产品的易复制性，给盗版者带来了可乘之机。如果不严格执行知识产权保护，制止未经许可的商业化盗用，任凭盗版软件横行，软件公司将无法维持生存，也不会有人愿意开发软件，软件产业也不会有大的发展。

由此可见，计算机软件知识产权保护是一个必须重视和解决的社会问题。解决计算机软件知识产权保护的根本措施是制定和完善软件知识产权保护的法律法规，并严格执法；同时，要加大宣传力度，树立人人尊重知识、尊重软件知识产权的社会风尚。

（三）计算机职业道德

随着计算机在应用领域的深入和计算机网络的普及，今天的计算机已经超出了作为某种特殊机器的功能，给人们带来了一种新的文化、新的工作与生活方式。在计算机给人们带来极大便利的同时，也不可避免地造成了一些社会问题，同时也对我们提出了一些新的道德规范要求。

计算机职业道德是在计算机行业及其应用领域所形成的社会伦理关系下，调整人与人之间、人与知识产权之间、人与计算机之间以及人与社会之间关系的行为规范总和。

计算机职业道德规范中的一个重要的方面是网络道德。网络在计算机系统中起着举足轻重的作用。大多数“黑客”往往开始时是出于好奇和神秘，违背了职业道德侵入他人的计算机系统，从而逐步走向计算机犯罪的。网络道德以“慎独”为主要特征，强调道德自律。“慎独”意味着人独处时，在没有任何外在的监督和控制下，也能遵从道德规范，恪守道德准则。

第三节 计算机病毒及其防治

一、计算机病毒的定义

计算机病毒是不怀好意的人编写的一种特殊的计算机程序，直接威胁着计算机信息的安全。了解计算机病毒及其防治知识，有着重要的现实意义。

现在，计算机病毒通常可以理解成：依附于其他程序上可以繁殖自身的一段程序代码，广义上说所有引发电脑产生故障、毁坏其数据的相关程序均是计算机病毒，例如逻辑炸弹、蠕虫等；我国给其所做的法律规定是：编制或者在计算机程序中插入的破坏计算机功能或者破坏数据，影响计算机使用并且能够自我复制的一组计算机指令或者程序代码。

二、计算机病毒的特征

（一）寄生性

计算机病毒一般不以独立的文件形式存在，而是寄生在其他可执行程序当中，享有被寄生程序所得到的一切权限。

（二）破坏性

计算机病毒的最根本的目的是干扰和破坏计算机系统的正常运行，侵占计算机系统资源，使计算机运行速度减慢，直至死机，毁坏系统文件和用户文件，使计算机无法启动，并可造成网络的瘫痪。

病毒只在系统中存在，就会对系统和程序带来不同程度的影响。破坏性是病毒的又一大特点，但从破坏性的角度来看，病毒还可分为良性和恶性两种，对于良性病毒，其破坏性行为并不明显，或者说根本没有什么破坏性，但其会占用系统资源。恶性病毒具有明确的破坏性，不仅会对计算机数据、文件等进行破坏，还可能将磁盘进行格式化，从而给计算机使用者带来极大的损失。

（三）传染性

任何一种计算机病毒传染性都是其最为根本的特征之一，这已成为当前判定一个程序是否为计算机病毒的一个重要条件。由于计算机病毒具有较强的传染性，所以其才会通过多种渠道从感染的计算机向未感染的计算机进行扩散，从而达到快速传播的目的。

传染性也称自我复制能力，是判断程序是不是计算机病毒的最重要的依据。计算机病毒传播的速度很快，范围也极广。一台感染了计算机病毒的计算机，本身既是一个受害者，又是病毒的传播者。它通过各种可能的渠道，如磁盘、光盘等存储介质以及网络进行传播。

（四）潜伏性

计算机病毒总是寄生潜伏在其他合法的程序和文件中，因而不容易被发现，这样才能达到其非法进入系统、进行破坏的目的。很大一部分病毒并不是计算机感染后就立即进行破坏，很多时候会隐藏在系统当中，其扩散和繁殖通常都不会被人所发觉，而这些病毒只有在满足特定条件后，才会将破坏模块启动，从而导致计算机无法正常运行。

（五）隐蔽性

计算机病毒是以程序代码存在于其他程序当中，或是较为隐蔽的地方，有时也会以隐含文件的形式存在，这样就很难将其与正常程序区分开来，而作为独立程序体的病毒原程序，其在扩散过程中会有再生病毒出现，而这些再生病毒会采用附加或是插入的方式在可执行程序和数据文件中存在，一旦这些程序被调用，病毒程序也会合法地进入，从而再将分散的程序局部在非法占用的空间内进行重新分配，形成一个完整的病毒体投入运行。

三、计算机病毒分类与危害性

（一）计算机病毒分类

计算机病毒的分类方法很多，按传播媒介可分为引导型、文件型、混合型、宏病毒、Internet 病毒（网络病毒）等五类。

1. 引导型病毒

计算机启动的过程大致如下：开机时，主板上的基本输入 / 输出系统（BIOS）程序自动运行，然后将控制权交给硬盘主引导记录，由主引导记录去找到操作系统引导程序并执行，最后就可以看到操作系统界面（如 Windows 桌面）。

引导型病毒是指在操作系统引导程序运行之前首先进入计算机内存，非法获取整个系统的控制权并进行传染和破坏的病毒。由于整个系统可能是带毒运行的，这种病毒的危害性很大。

2. 文件型病毒

文件型病毒指的是病毒寄生在诸如 .com、.exe、.drv、.bin、.ovl、.sys 等可执行文件的头部或尾部，并修改执行程序的第一条指令。一旦执行这些染毒程序就会先跳转去执行病毒程序，病毒进而传染和破坏；这类病毒只有当染毒程序执行并满足条件时才会发作。

3. 混合型病毒

混合型病毒指的是兼有引导型和文件型病毒特点的病毒。这种病毒最难杀灭。

4. 宏病毒

所谓宏，就是一些命令排列在一起，作为一个单独命令被执行以完成一个特定任务。美国微软公司的两个基本办公软件 Word 和 Excel 有宏命令，其文档可以包含宏。宏病毒指的是寄生在由这两个软件创建的文档（.doc、.xls、.docx、.xlsx）或模板文档中的病毒。当对染毒文档进行操作时病毒就会进行破坏和传染。

5. 网络病毒

网络病毒指利用网络传播的病毒，如求职信病毒、FunLove 病毒、蓝色代码病毒、冲击波病毒等。黑客是危害计算机系统的源头之一，利用“黑客程序”可以远程非法进入他人的计算机系统，截取或篡改数据，危害信息安全。

（二）计算机病毒的危害性

计算机病毒的危害性十分明显：①它会导致内存受损，主要体现为占用内存、分支分配内存、修改内存与消耗内存，导致死机等；②破坏文件，具体表现为复制抑或颠倒内容，重命名、替换、删除内容，丢失个别程序代码、文件簇及数据文件。写入时间空白、假冒或者分割文件等；③影响电脑运行速度，例如“震荡波”病毒就会 100% 占用 CPU，导致电脑运行异常缓慢；④影响操作系统正常运行。例如频繁开关机、强制启动某个软件、执行命令无反应等；⑤破坏硬盘内置数据、写入功能等。

（三）计算机病毒的传播渠道

第一，通过不可移动的计算机硬件设备进行病毒传播，这种方式往往在硬件维修、组装等环节感染病毒，虽然涉及的病毒极少，但是破坏性极强，目前尚无良好的检测手段进行应对。

第二，通过移动存储设备（光盘、U 盘和移动硬盘等）传播病毒的方式较为常见，在文件复制、粘贴过程中易感染病毒，此类病毒目前通过杀毒软件可实现有效查杀。

第三，通过网络进行传播病毒的方式最为常见，该类病毒以网络为平台，能够在网络中进行传播、复制、攻击计算机，此类病毒往往利用网络协议（例如 TCP/IP、FTP、HTTP 等），直接感染计算机内存，强迫所感染的计算机向网络发送信息，导致网速下降直至瘫痪。除此之外，各类邮箱、BBS 等也是网络病毒发动攻击、进行传播的渠道。

第四，经由无线通路及点对点通信体系加以传播，亦是一种十分关键的病毒传播渠道，无线电通信以空气为媒介，信息保密程度极差，窃听、干扰等非常容易，因此无线电通信存在严重的安全漏洞，是病毒传播的又一“温床”。

第五，通过系统漏洞或缺陷传播病毒的方式也很常见，一些计算机用户未设置开机密码或者密码设置得较为单一抑或设定网络完全共享之类，此类做法均易造成电脑受到病毒侵犯。

四、计算机病毒的诊断及预防

计算机病毒由于具有隐蔽性，所以很难被发现。尽管如此，仔细观察，人们还是可以发现蛛丝马迹的。例如，系统的内存明显变小、系统经常出现死机现象、屏幕经常出现一些莫名其妙的信息或异常现象等。

（一）养成良好的计算机使用习惯

来历不明的邮件等不要随便打开；不熟悉的网站不要随意浏览；网上下载的软件等需要经过查杀后再安装运行；外来移动存储设备也需要进行病毒查杀；计算机维修过程中也需要注意硬盘感染；当发现计算机已被病毒感染时应立刻断网，防止病毒扩散；对于 FTP 客户端、Telnet 和 Web 服务器等非常用软件，可以删除，减少受攻击的概率。

（二）注意升级安全补丁

利用系统漏洞、软件漏洞、系统配置缺陷等传播病毒是常见的方式，典型的代表像蠕虫王、震荡波、冲击波之类，所以需第一时间访问微软官网，并找出最新的安全补丁加以安装，随着系统的智能化发展，软件补丁升级等都会自动提醒。

（三）合理设置防火墙

当前 Window 系统会自带防火墙，用户需要将防火墙打开即可；当前很多计算机病毒都是通过互联网加以传播，并且采取黑客的手段来攻击用户的计算机，所以，用户亦要将个人防火墙系统安装好，安全级别可设定成高、中等级。

（四）安装专业杀毒软件

这是一种专用的软件，可以杀灭木马、计算机病毒及其他不良软件。其常常具备自动升级、集成监测鉴别、扫描及杀灭病毒之类的能力，有些甚至具备复原数据之类的能力。在当前计算机病毒日益增多的情况下，合理运用杀毒软件是明智之举；需要注意的是杀毒软件需要经常升级，部分主动监控经常打开（如邮件监控）、内存监控等打开，保证实时检测。

（五）应用繁杂的口令

有些互联网病毒可利用反复验证这一简易的手法将口令破解，直至侵犯电脑系统，所以如果应用繁杂的口令，将大幅提升电脑的安全程度。

五、计算机应用中的道德与法律问题

任何一件事情都会有积极与消极的一面。计算机技术的广泛应用极大地促进了文明的进步，这方面的例子可以说是不胜枚举。与此同时，计算机的广泛应用也带来了许多消极的影响。例如，由于大量地使用电子邮件等现代通信方式，人与人之间的面对面的直接交流减少，从而造成人际关系的疏远。再如，人们对计算机的依赖性越来越高，对于许多现代人来说，如果没有了计算机，恐怕就很难正常地工作与生活。更为严重的是，计算机与网络技术的普及也带来了新的犯罪方式，网络犯罪事件时有发生。

关于计算机道德的问题由此被提到了一个很重要的层面。计算机道德是与如何正确地使用计算机获取信息紧密相关的。例如，在互联网上有许多重要的信息，我们应该如何正确地使用、传播这些信息？道德的问题需要通过教育来解决。因此，现在几乎全世界所有的国家都非常重视信息技术的教育以及信息素养的培养。

当然教育不能解决所有的问题，道德的约束也是建立在自觉的基础上的。当问题发生后，还是需要由法律来解决。目前许多国家都有专门针对计算机犯罪问题的法律。在我国，刑法中也有专门针对计算机犯罪的条款，另外还有许多相关的管理条例等。

第二章 计算机控制技术

第一节 计算机控制基础

一、计算机在控制系统中的作用

在计算机控制系统中，计算机不仅可以完成基本的控制任务，还可以充分发挥其优势，使控制系统的功能更趋完善，在现代化的工业中起到越来越重要的作用。一般地，计算机在控制系统中至少有以下几个基本作用。

（一）实时数据处理

巡回采集来自测量变送装置的瞬时数据，并进行分析处理、性能计算以及显示、记录、制表等。

（二）实时监督决策

对系统中的各种数据进行越限报警、事故预报与处理，根据需要进行设备自动启停，对整个系统进行诊断与管理等。

（三）实时控制及输出

按照给定的控制策略和实时的生产情况，实现在线、实时控制。

二、计算机控制系统的组成

（一）主机

主机由 CPU、ROM、RAM 组成，是计算机控制系统的核心。它根据采集到的实时信息按照预先存在内存储器中的程序，自动进行信息处理和运算，及时选择相应的控制策略，并将控制作用立即输出到生产过程。

（二）外设

常用的外设（外部设备）按功能不同可分为输入设备、输出设备和外存储器。常用的输入设备如键盘终端，用来输入程序、数据和操作命令；常用的输出设备如 CRT 显示器、打印机、绘图机等，用于显示、打印生产的操作状况、性能指标、生产报表等；常见的外存储器有磁盘、磁带、光盘等，它们兼有输入和输出两种功能。

（三）过程输入 / 输出接口

过程输入 / 输出接口包括模拟量和开关量两大类。它们是计算机与生产过程之间信息交换的桥梁，是计算机控制系统中必不可少的部分。

（四）人机接口设备

人机接口设备包括显示器、键盘、专用的操作显示面板或操作显示台等。它们一方面显示生产过程状况，另一方面供生产操作人员操作和显示操作结果。操作人员通过人机接口设备与计算机进行信息交换。

（五）通信设备

通过通信设备，不同地理位置、不同功能的计算机之间或计算机与设备之间可以进行信息交换。当多台计算机或设备构成计算机网络时，通信设备尤显重要。

（六）现场仪表

现场仪表包括检测设备和执行机构。检测设备的任务是信号的检测、变换、放大和传送，将生产过程中的各种物理量转换成计算机能接收的电信号；执行机构则完成计算机输出控制的执行任务。由于直接与生产过程连接，因此它们在计算机控制系统中占有重要的地位。

三、计算机控制系统的类型和特点

（一）计算机控制系统的类型

随着计算机技术（硬件及软件）飞快发展，计算机的可靠性和性价比相应地快速提高，进而推动计算机控制获得了十分广泛的应用。现在计算机控制不仅取代了传统的模拟控制，而且广泛地应用于工业、国防和航空航天等各个领域。例如工业上，机床、机器人等各种机电装置的控制，采矿、冶金、石化、电力、机械以及轻纺等工业生产装置及生产过程的控制；国防上，海陆空各种武器装备系统的控制；航空航天领域，各种飞机、飞弹、火箭、飞船以及卫星和空间站的控制等。如今计算机控制利用计算机本身的强大信息处理和方便的通信能力，不仅可以实现反馈控制功能，而且可以实现其他各种类型的自动化功能，比如，监测与操作指导、直接数字控制、顺序控制、监督优化控制以及网络化控制管理集成的综合自动化等功能。计算机控制系统如果按照其功能或工作任务分类，可以分为以下几种类型。

1. 计算机监测与操作指导系统

计算机监测与操作指导系统常用于生产过程控制，其基本功能是监测与操作指导。监测是由计算机通过输入通道（由 A/D 和接口构成的外围设备）实时地采集被控对象运行参数，经适当运算处理（如数字滤波、非线性补偿、误差修正、量程转换等）后，以数字图表或图形曲线等形式，通过显示器实时显示，向操作人员提供全面反映被控对象运行工况的信息，使操作人员能够对被控对象运行工况进行全面监视。当被控对象运行中某些重要参数偏离正常值范围时，计算机发出报警信号，提醒操作人员进行应急操作，以确保被控对象安全正常工作。操作指导是由计算机一面实时显示全面反映被控对象运行工况的信息，同时还通过显示器给出操作指导信息，供操作人员参考。计算机给出的操作指导信息有两种，一种是计算机按照预先建立的数学模型和控制优化算法，通过计算给出的相应控制命令由显示器显示输出，控制命令执行与否由操作人员凭经验抉择；另一种是计算机按照预先存放的在特定工况下的操作方法和顺序，再根据被控对象实际工况和流程，逐条输出操作信息，用以指导操作。

2. 计算机直接数字控制系统

计算机直接数字控制（Direct Digital Control）系统，简称 DDC 系统，是指用计算机代替常规模拟控制器，直接对被控对象进行控制的系统。DDC 系统利用计算机强有力的数值计算能力和逻辑判断推理能力，通过软件不仅可以实现常规的反馈控制、前馈控制以及串级控制等控制方案，而且可以方便灵活地实现模拟控制器难以实现的各种先进复杂的控制律，如最优控制、自适应控制、多变量控制、模型预测控制以及智能控制等，从而可以获得更好的控制性能。

DDC 系统是最重要的一类计算机控制系统，通常它直接影响控制目标的实现。DDC 系统性能的优劣不仅跟计算机硬件和软件技术有关，而且更主要的是它涉及很多控制理论问题。正因为如此，DDC 系统列为本书的主要研究对象。需要指出，DDC 系统在系统结构上，可以说同模拟控制系统没有什么本质性的区别。只是用计算机的数值计算替代模拟电子线路来实现各种控制律而已。但是，就系统中信号的类型而言，DDC 系统和模拟控制系统却有着很大差别。模拟控制系统是连续系统，系统中只有一种类型的信号，即连续时间信号（简称连续信号）；而 DDC 系统则是混合系统，系统中既有连续信号又有离散信号（即离散时间信号），同时存在这两种类型的信号，其他类型的计算机控制系统也是如此。由此决定了处理模拟控制系统数学描述、分析和设计的理论与方法不能直接用于计算机控制系统。计算机控制系统需要另有与之相应的理论和方法来处理。关于如何处理计算机控制系统的数学描述、分析和设计问题的理论与方法，正是本书后面要讲述的主要内容。

3. 计算机顺序控制系统

这种系统中，计算机根据被控对象运行状态，严格按照预定的时间先后顺序或逻辑顺序产生相应的操作命令，并以开关量形式输出，使被控对象各个环节或部件按照预定的规则顺序协调动作来完成相应的生产加工任务。这种系统常用于机械加工过程和连续生产过程中的启动、停止以及故障连锁保护阶段，数控机床就是一种典型的计算机顺序控制系统，市面上出售的各种类型可编程控制器（PLC，Programmable Logic Controller）就是主要用于顺序控制系统的控制计算机。

4. 计算机监督控制系统

计算机监督控制系统简称 SCC（Supervisory Computer Control）系统，是由 DDC 系统加监督系统构成的。监督级计算机根据反映被控对象运行工况的数据和预先给定的数学模型及性能目标函数，按照预先确定的优化算法或监督规则，通过计算机的计算和推理判断，为 DDC 系统提供最优设定值，或修改 DDC 系统控制律中的某些参数、某些控制约束条件等，使控制系统整体性能指标更好，工作更可靠。在小规模计算机控制系统中监督级功能也可用 DDC 级同一台计算机通过软件来实现。

（二）计算机控制的主要特点

计算机控制在系统结构、信号形式和工作方式方面相对于模拟控制的主要特点可以归纳为：第一，计算机控制利用计算机的存储记忆、数字运算和显示器显示功能，可以同时实现模拟变送器、控制器、指示器、手操器以及记录仪等多种模拟仪表的功能，并且便于集中监视和操作。第二，计算机控制利用计算机快速运算能力，通过分时工作可以用一台计算机同时控制多个回路，并且还可同时实现 DDC、顺序控制、监督控制等多种控制功能。第三，计算机控制利用计算机强大的信息处理能力，可以实现模拟控制难以实现的各种先进复杂的控制策略，如最优控制、自适应控制、多变量控制、模型预测控制以及智能控制等，从而可以获得更好的控制性能；同时还可实现对于难以控制的复杂被控对象（如多变量系统、大滞后系统以及某些时变系统和非线性系统等）的有效控制。第四，计算机控制系统调试、整定灵活方便，系统控制方案、控制策略以及控制算法及其参数的改变和整定，只通过修改软件和键盘操作即可实现，不需要更换或变动任何硬件。第五，利用网络分布结构可以构成计算机控制管理集成系统，实现工业生产与经营的控制管理一体化，大大提高工业企业的综合自动化水平。第六，计算机易于实现系统故障自检和自诊断功能，所以相对连续控制系统而言，计算机控制系统具有一定的容错能力和较高的可靠性。第七，计算机控制系统是由连续的广义被控对象和计算机通过 A/D、D/A 连接而成的，是一种同时存在连续和离散两种信号的混合系统。这是计算机控制系统和传统连续控制系统在结构和信号方面的区别。

四、计算机控制系统的设计步骤

计算机控制是一门实践性非常强的技术，不但需要有自动控制理论和计算机控制技术作为基础，而且需要熟悉被控工业过程，并对组成自动化系统所必需的自动化仪表有相当的了解。虽然工业过程计算机控制系统所控制的对象各不相同，控制方案与具体设计指标也不同，但是系统设计与实现的原则却是相同的，即可靠性高，操作性好，实时性强，具有一定的通用性（至少在同行业可以推广），潜在经济效益高。

设计与实现过程计算机控制系统的一般步骤可分成如下几步。

（一）总体设计

在设计控制系统之前，要全面了解该被控工业过程，与工艺技术人员一起在需求分析的基础上确定总体的控制方案，包括确定计算机控制系统的结构，系统中的被控变量、控制变量、检测量及现场仪表安装位置、报警参数等，并计算出系统总的资金投入与实施计算机控制系统后可获得的社会效益和经济效益。

（二）建立数学模型

采用过程机理分析、系统辨识或两者相结合的方法，建立被控对象的静态和动态的数学模型，并在可能的条件下进行模型的校正。

（三）控制系统综合

对设计的控制系统提出满足一定经济指标及技术指标的目标函数，并寻求合适的满足所提出目标函数的控制规律。例如，在最优控制中广泛采用二次型目标函数，运用极大值原理或动态规划，求出最优控制规律，使目标函数取到极小值。这里往往利用已建好的数学模型，采用计算机辅助方法设计控制系统，并进行各种条件下的计算机数字仿真。

（四）计算机硬件与控制系统工程化设计

对计算机控制系统的硬件提出具体的设计要求，包括对计算机主机及相应外部设备、过程信号检测及变送仪表、过程输入 / 输出接口设备、供电电源及机房、抗干扰措施等提出要求并予以实现。

（五）计算机软件设计

在硬件设计的基础上或在硬件设计的同时，确定该计算机控制系统的系统软件，包括建立管理和控制该生产过程的实时操作系统，选择软件开发平台等，然后针对实际问题开发具体的应用软件。

（六）调试与完善

在计算机控制系统安装完毕之后，对控制系统进行试运行，例如，先进行控制系统的开环运行，然后在确保无误的前提下投入闭环。在此过程中，针对投运中出现的具体问题进行及时处理与改进，逐步完善系统的所有功能。

由于不同的被控对象对控制系统的控制要求不同，所以上述设计与实现的步骤也可能不会与实际完全相符，有些步骤可根据具体情况进行调整。

第二节 计算机控制系统中的检测设备和执行机构

一、检测设备

检测设备主要包括传感器和变送器两部分。传感器将各种被测非电信号转换为电信号，其输出根据原理以及检测电路的不同有多种形式，如电压、电流和频率等。变送器则在传感器的基础上，将传感器的输出信号转换为该系统统一的标准信号。

（一）传感器概述

传感器是一种将各种被测非电信号转换成可用电信号的测量装置或元件。应当指出，这里所谓的“可用信号”是指便于传输、处理、显示、记录和控制的信号。目前只有电信号满足上述要求，因此，可把传感器狭义地定义为把非电信号转换成电信号的输出装置。

在一个现代控制系统中，如果没有传感器，就无法监测与控制表征生产过程中各个环节的各种参量，也就无法实现自动控制。

传感器的应用领域主要包括如下几个方面：

1. 生产过程的测量与控制

在工农业生产过程中，对温度、压力、流量、位移、液位和气体成分等参量进行检测，从而实现对工作状态的控制。

2. 报警与环境保护

传感器可对高温、放射性污染以及粉尘弥漫等恶劣工作条件下的过程参量进行远距离测量与控制，可用于监控、防灾、防盗等方面的报警系统。在环境保护方面，可用于对大气与水质污染的监测、对放射性与噪声的测量等。

3. 自动化设备和机器人

传感器可提供各种反馈信息，尤其是传感器与计算机的结合，使生产设备的自动化程度大大提高。现代机器人中大量使用了传感器，其中包括力、转矩、位移、超声波、转速和射线等传感器。

4. 交通运输和资源探测

传感器可用于交通工具、道路和桥梁的管理，以保证运输的效率并防止事故的发生，还可用于陆地与海洋资源探测以及空间环境、气象等方面的监测。

5. 医疗卫生和检测检疫

利用传感器可实现对患者的自动监测与监护，还可进行微量元素的测定、食品卫生检疫等。

（二）传感器的选用

现代传感器在原理与结构上千差万别，即便测量对象种类相同，也可采用不同工作原理的传感器，因此，根据具体的测量条件、使用条件以及传感器的性能指标合理地选用传感器是进行某个量测量时首先要解决的问题。当传感器确定之后，与之相配套的测量方法和测量设备也就可以确定了。可以从以下几个方面来选用传感器。

1. 传感器的类型

要进行一项具体的测量工作，首先要考虑采用何种原理的传感器，这需要分析多方面的因素之后才能确定。因为即使是测量同一物理量，也有基于不同测量原理的传感器可供选用，哪一种原理的传感器更为合适，则需要根据被测量的特点和传感器的使用条件考虑以下一些具体问题：量程的大小，被测位置对传感器体积的要求，测量方式是接触式还是非接触式；信号的引出方法，是有线还是非接触测量；传感器的来源，是国产还是进口；价格能否承受，是购买还是自行研制等。在考虑上述问题之后，就能确定选用何种类型的传感器，然后再考虑传感器的具体性能指标。

2. 灵敏度

通常在传感器的线性范围内，传感器的灵敏度越高越好。因为只有灵敏度高，被测量变化时所对应的输出信号的值才比较大，有利于信号处理。但是，传感器的灵敏度越高，与被测量无关的外界影响也越容易混入，并被放大系统放大，从而影响测量精度。因此，要求传感器本身应具有较高的信噪比，尽量减少从外界引入的干扰信号。

传感器的灵敏度是有方向性的。如果被测量是单向量，而且对其方向性要求较高，则应选择方向灵敏度小的传感器；如果被测量是多维向量，则要求传感器的交叉灵敏度越小越好。

3. 准确度

准确度是传感器的一个重要的性能指标，它是关系到整个测量系统测量准确度的一个重要环节。传感器的准确度指标常与经济性联系在一起，准确度越高，其价格越昂贵。因此，传感器的准确度只要满足整个测量系统的准确度要求就可以，不必选得过高。这样就可以在满足同一测量目的的诸多传感器中选择比较便宜和简单的传感器。

如果测量是为了定性分析，则选用重复精度高的传感器即可，而不宜选用绝对量值准确度高的；如果是为了定量分析，必须获得准确的测量值，就需选用准确度等级能满足要求的传感器。

4. 线性度

线性度反映了输出量与输入量之间保持线性关系的程度。一般来说，人们都希望输出量与输入量之间呈线性关系。因为在线性情况下，模拟式仪表的刻度就可以做成均匀刻度，而数字式仪表就可以不必加入线性化环节；此外，当线性的传感器作为控制系统的一个组成部分时，它的线性性质常常可使整个系统的设计分析得到简化。

实际上，任何传感器都不能保证绝对的线性，其线性度是相对的。当所要求的测量准确度比较低时，在一定的范围内，可将非线性误差较小的传感器近似看成线性的，这会给测量带来极大的方便。

5. 稳定性

传感器使用一段时间后，其性能保持不变的能力称为稳定性。通常在不指明影响量时，它反映的是传感器不受时间变化影响的能力。稳定性有短期稳定性和长期稳定性之分。

影响传感器长期稳定性的因素除传感器本身的结构外，主要是传感器的使用环境。因此要使传感器具有良好的稳定性，传感器必须有较强的环境适应能力。在某些要求传感器能长期使用而又不能轻易更换或标定的场合，稳定性要求更严格，须能够经受住长时间工作的考验。

6. 频率响应特性

传感器的频率响应特性决定了被测量的频率范围，必须在允许频率范围内保持不失真的测量条件，实际上传感器的响应总有一定延迟，我们希望延迟时间越短越好。

传感器的频率响应越高，可测的信号频率范围就越宽。在动态测量中，应根据信号的特点（稳态、瞬态、随机等）来确定所需传感器的频率响应特性，以免产生过大的误差。

总之，应从传感器的基本工作原理出发，所选择的传感器最好既能满足使用性能要求又价格低廉。

二、变送器

变送器在控制系统中起着至关重要的作用，它将工艺变量（如温度、压力、流量、液位、成分等）和电、气信号（如电流、电压、频率和气压信号等）转换成该系统统一的标准信号。通常，变送器安装在现场，它的气源或电源从控制室送来，而其输出信号被送到控制室。

三、执行机构

在计算机控制系统中，必须将经过采集、转换、处理的被控参量（或状态）与给定值（或事先安排好的动作顺序）进行比较，然后根据偏差来控制相关输出部件，以达到自动调节被控量（或状态）的目的。例如，在机床加工工业中，经常控制电动机的正、反转及其转速，以完成进刀、退刀及进给的任务；在雷达天线位置跟踪系统中，需要控制伺服阀液压缸的位置；在各种温湿度控制系统中，经常需要控制阀门的开闭或开度，以控制液体和气体的流量；在机器人控制系统中，经常要控制各关节上伺服电动机的转动方向和速度；在程控交换系统和配料过程控制系统中，经常要控制继电器、接触器，以满足各种动作的需要等。所有这些伺服电动机、电动机、阀门、继电器、接触器等输出部件，统称为执行机构，也称为执行装置或执行器。

执行机构的作用是接收计算机发出的控制信号，并把它转换成调整机构的动作，使生产过程按照预先规定的要求正常进行。

（一）气动执行机构

以压缩空气为动力的执行机构称为气动执行机构。气动执行机构接收的信号标准为0.02 ～ 0.1MPa。

气动执行器由执行机构和控制机构（阀）两部分组成。执行机构是执行器的推动装置，按控制信号压力的大小产生相应的推力，推动控制机构动作，所以它是将信号压力的大小转换为阀杆位移的装置。控制机构是执行器的控制部分，它直接与被控介质接触，控制流体的流量，所以它是将阀杆的位移转换为控制流过阀的流量的装置。

气动执行器有时还配备一定的辅助装置，常用的有阀门定位器和手轮机构。阀门定位器的作用是利用反馈原理来改善执行器的性能，使执行器能按控制器的控制信号，实现准确的定位。手轮机构的作用是当控制系统因停电、停气、控制器无输出或执行机构失灵时，利用它可以直接操纵控制阀，以维持生产的正常进行。

1. 气动执行机构的分类

（1）薄膜式执行机构

薄膜式执行机构可以用作一般控制阀的推动装置，组成气动薄膜式执行器。气动薄膜式执行机构的信号压力作用于膜片，使其变形，带动膜片上的推杆移动，使阀芯产生位移，从而改变阀的开度。它结构简单、价格便宜、维修方便，应用广泛。

气动薄膜执行机构有正作用和反作用两种形式。当来自控制器或阀门定位器的信号压力增大时，阀杆向下动作的叫作正作用执行机构（ZMA 型）；当信号压力增大时，阀杆向上动作的叫作反作用执行机构（ZMB 型）。正作用执行机构的信号压力是通入波纹膜片上方的薄膜气室；反作用执行机构的信号压力是通入波纹膜片下方的薄膜气室。通过更换个别零件，两者能互相改装。

（2）活塞式执行机构

气动活塞执行机构的主要部件为气缸、活塞、推杆，气缸内活塞随气缸内两侧压差的变化而移动，根据特性分为比例式和两位式两种。两位式根据输入活塞两侧操作压力的大小，活塞从高压侧被推向低压侧。比例式是在两位式的基础上加入阀门定位器，使推杆位移和信号压力呈比例关系。

由于气动执行机构结构简单、价格低廉、输出推力大、动作可靠、维修方便，适用于防火、防爆场合，因此广泛应用在化工、炼油生产、冶金、电力、纺织等领域。

气动执行机构与计算机的连接极为方便，只要将电信号经电气转换器转换成标准的气压信号，即可与气动执行机构配套使用。

2. 控制机构

控制机构即控制阀，实际上是一个局部阻力可以改变的节流元件。它通过阀杆上部与执行机构相连，下部与阀芯相连。由于阀芯在阀体内移动，改变了阀芯与阀座之间的流通面积，即改变了阀的阻力系数，被控介质的流量也就相应地改变，从而达到控制工艺参数的目的。

根据不同的使用要求，控制阀的结构形式很多，主要有以下几种。

（1）直通单座控制阀

这种阀的阀体内只有一个阀芯与阀座。其特点是结构简单、泄漏量小，易于保证关闭，甚至完全切断。但是在压差大的时候，流体对阀芯上下作用的推力不平衡，这种不平衡会影响阀芯的移动。因此这种阀一般应用在小口径、低压差的场合。

（2）直通双座控制阀

这种阀的阀体内有两个阀芯和阀座。这是最常用的一种类型。由于流体流过的时候，作用在上下两个阀芯上的推力方向相反而大小近乎相等，可以互相抵消，所以不平衡力小。但是，由于工艺的限制，上下两个阀芯与阀座不易保证同时密闭，因此泄漏量较大。

根据阀芯与阀座的相对位置，这种阀可分为正作用式与反作用式（或称正装与反装）两种形式。当阀体直立，阀杆下移时，阀芯与阀座间的流通面积减小的称为正作用式。如果将阀芯倒装，则当阀杆下移时，阀芯与阀座间流通面积增大，称为反作用式。

（3）角形控制阀

这种阀的两个接管呈直角形，一般为底进侧出。这种阀的流路简单、阻力较小，适用于现场管道要求直角连接，介质为高黏度、高压差和含有少量悬浮物和固体颗粒的场合。

（4）三通控制阀

这种阀共有三个出入口与工艺管道连接。其流通方式有合流（两种介质混合成一路）型和分流（一种介质分成两路）型两种。这种阀可以用来代替两个直通阀，适用于配比控制与旁路控制。它与直通阀相比，组成同样的系统可省掉一个二通阀和一个三通接管。

（5）隔膜控制阀

它采用耐腐蚀衬里的阀体和隔膜。隔膜控制阀结构简单、流阻小、流通能力比同口径的其他种类的阀要大。由于介质用隔膜与外界隔离，故无填料，介质也不会泄漏。这种阀耐腐蚀性强，适用于强酸、强碱、强腐蚀性介质的控制，也能用于高黏度及悬浮颗粒状介质的控制。

选用隔膜阀时应注意执行机构须有足够的推力。一般隔膜阀直径大于100mm时，均采用活塞式执行机构。由于受衬里材料性质的限制，故这种阀的使用温度在150℃以下，压力在1MPa以下。

（6）蝶阀

蝶阀又名翻板阀，蝶阀具有结构简单、重量轻、价格便宜、流阻极小的优点，但泄漏量大，适用于大口径、大流量、低压差的场合，也可以用于含少量纤维或悬浮颗粒状介质的控制。

（二）电动执行机构

电动执行机构是工程上应用最多、使用最方便的一种执行器，其特点是体积小、种类多、使用方便。以下是几种常用的电动执行机构。

1. 电磁式继电器

电磁式继电器是一种用小电流的通断控制大电流通断的常用开关控制器件，主要由线圈、铁芯、衔铁和触点四部分组成。

继电器的触点是与线圈分开的，通过控制继电器线圈上的电流可以使继电器上的触点断开，从而使外部高电压或大电流与微机隔离。

电磁式继电器线圈的驱动电源可以是直流的，也可以是交流的，电压规格也有很多种。输出触点的电流、电压也有很多种规格。电磁式继电器的线圈、触点可以使用各自独立的电源，两者之间相互绝缘，耐压可达千伏以上。

电磁式继电器还有电流放大作用，因此，它是一种很好的开关量输出隔离及驱动器件；电磁式继电器的不足是机械式触点动作时间较慢，在开关瞬间触点容易产生火花，引起干扰，减短使用寿命。

2. 固态继电器

固态继电器简称SSR（Solid State Relay），它利用电子技术实现了控制电路与负载电路之间的电隔离和信号耦合。虽然没有任何可动部件或触点，却能实现电磁式继电器的功能，故称为固态继电器，它实际上是一种带光电耦合器的无触点开关。

由于固态继电器输入控制电流小，输出无触点，所以与电磁式继电器相比，具有体积小、重量轻、无机械噪声、无抖动和回跳、开关速度快、工作可靠、寿命长等优点。因此，在微机控制系统中得到了广泛的应用，大有取代电磁式继电器之势。

固态继电器内部结构由三部分组成：输入电路、隔离（耦合）电路和输出电路。按输入电压的不同类别，输入电路可分为直流输入电路、交流输入电路和交直流输入电路三种。有些输入控制电路还具有与TTL/CMOS兼容、正负逻辑控制和反相等功能。固态继电器的输入与输出电路的隔离和耦合方式有光电耦合和变压器耦合两种：光电耦合通常使用光电二极管、双向光控晶闸管、光伏电池实现控制侧与负载侧的隔离控制；变压器耦合是利用输入的控制信号产生的自激高频信号耦合到二次侧，经检波整流，由逻辑电路处理形成驱动信号。SSR的功率开关直接接入电源与负载端，实现对负载电源的通断切换。主要使用的功率开关有大功率晶体管、单向晶闸管，双向晶闸管、功率场效应晶体管、绝缘栅型双极晶体管。固态继电器的输出电路也可分为直流输出电路、交流输出电路和交直流输出电路等形式。按负载类型，可分为直流固态继电器和交流固态继电器。直流输出时可使用双极性器件或功率场效应晶体管，交流输出时通常使用两个晶闸管或一个双向晶闸管。而交流固态继电器又可分为单相交流固态继电器和三相交流固态继电器。交流固态继电器按导通与关断的时机，可分为随机型交流固态继电器和过零型交流固态继电器。

3. 电磁阀

电磁阀是在气体或液体流动的管路中受电磁力控制开闭的阀体，其广泛应用于液压机械、空调系统、热水器、自动机床等系统中。

电磁阀由线圈、固定铁芯、可动铁芯和阀体等组成。当线圈不通电时，可动铁芯受弹簧作用与固定铁芯脱离，阀门处于关闭状态；当线圈通电时，可动铁芯克服弹簧力的作用而与固定铁芯吸合，阀门处于打开状态。这样，就控制了液体和气体的流动，再通过流动的液体或气体推动液压缸或气缸来实现物体的机械运动。

电磁阀通常是处于关闭状态的，通电时才开启，以避免电磁铁长时间通电而发热烧毁。但也有例外，当电磁阀用于紧急切断时，则必须使其平常开启，通电时关闭。这种紧急切断用的电磁阀，结构与普通电磁阀不同，使用时必须采取一些特殊措施。

电磁阀有交流和直流之分。交流电磁阀使用方便，但容易产生颤动，起动电流大，并会引起发热；直流电磁阀工作可靠，但需专门的直流电源，电压分为12V、24V和48V三个等级。

4. 调节阀

调节阀是用电动机带动执行机构连续动作以控制开度大小的阀门，又称为电动阀。由于电动机可完成直线行程也可完成旋转的角度行程，所以有可以带动直线移动的调节阀，如直通单座阀、直通双座阀、三通阀、隔膜阀、角形阀等，也有可以带动叶片旋转的蝶阀。

根据流体力学的观点，调节阀是一个局部阻力可变的节流元件，通过改变阀芯的行程可改变调节阀的阻力系数，从而达到控制流量的目的。

5. 伺服电动机

伺服电动机也称为执行电动机，是控制系统中应用十分广泛的一类执行元件。它可以将输入的电压信号变换为轴的角位移和角速度输出。在信号到来之前，转子静止不动；信号到来之后，转子立即转动；信号消失之后，转子又能及时自行停转。由于这种“伺服”性能，将这种控制性能较好、功率不大的电动机称作伺服电动机。

伺服电动机有直流和交流两大类。直流伺服电动机的输出功率常为1～600W，往往用于功率较大的控制系统；交流伺服电动机的输出功率较小，一般为0.1～100W，用于功率较小的控制系统。

6. 步进电动机

步进电动机是工业过程控制和仪器仪表中重要的控制元件之一，它是一种将电脉冲信号转换为直线位移或角位移的执行器。

步进电动机按其运动方式可分为旋转式步进电动机和直线式步进电动机，前者每输入一个电脉冲转换成一定的角位移，后者每输入一个电脉冲转换成一定的直线位移。由此可见，步进电动机的工作速度与电脉冲频率成正比，基本上不受电压、负载及环境条件变化的影响，与一般电动机相比能够提供较高精度的位移和速度控制。

此外，步进电动机还有快速起停的显著特点，并能直接接收来自计算机的数字信号，而无须经过D/A转换，使用十分方便，所以在定位场合中得到了广泛的应用，如在数控线切割机床上用于带动丝杠、控制工作台运动；在绘图仪、打印机、光学仪器中用于定位的绘图笔、打印头、光学镜头等。

第三节 计算机控制系统中的过程通道技术

一、概述

在计算机控制系统中，为了实现计算机对生产过程的控制，必须在计算机和生产过程之间设置信息传递和变换的连接通道。这个通道称之为过程通道。

根据信号的类型和输入、输出关系，过程通道包括：

数字（开关）量输入（Digital Input，DI）通道：来自键盘、接触开关和继电器等输入信息，一般是二进制或ASCII码表示的数或字符，将这些开关量所对应的输入值通过适当的变换，经数字接口读入微机。

脉冲量输入（Pulse Input，PI）通道：利用微机的硬件与软件将数字传感器（例如测量水流量的涡轮传感器）的脉冲信号转换成被测量的数字量。

模拟量输入（Analog Input，AI）通道：检测温度、压力、流量、液位、电流、转速等通过传感器或变换电路变换成二进制信号送入微机。

数字（开关）量输出（Digital Output，DO）通道：计算机控制输出的数字信号（0或1）通过控制功率放大器，用于控制继电器的开与关、阀门的开合、电源的启动与停止等，实现对生产过程的控制。

脉冲量输出（Pulse Output，PO）通道：将预输出的数字量转换为脉冲宽度信号输出，如PWM。

模拟量输出 （Analog Output，AO）通道：将计算机输出的数字量转换成模拟的电流或电压信号，以便驱动相应的执行机构，达到控制的目的。

二、通道接口技术

过程通道与CPU连接，或通过总线与CPU连接，需要通道的接口技术。

（一）通道地址译码技术

不同编址方式，引脚的功能定义存在区别，在进行地址译码设计时，要对此进行考虑。同时，底层的指令也存在区别。

1. 编址方式

编址方式分为存储器统一编址方式和 I/O 接口编址方式两种。

存储器统一编址方式没有专用的 I/O 指令，存储器与 I/O 设备的读写操作都是通过 WR（写）和 RD（读）进行控制的，因此，I/O 设备会占用存储空间地址。

I/O 接口编址方式则有专用的 I/O 指令，功能引脚方面有两种形式：一种是 MREQ/IORQ 与 WR/RD 配合使用，MREQ/IORQ 分别表示存储器操作和 I/O 操作两种状态，而具体的读或写，则由 WR/RD 进行控制；另一种是存储器读和写操作由 RD 和 WR 控制，I/O 设备的读和写操作则由 IOR 和 IOW 控制。

2. 地址译码

采用不同的器件可以构造不同的译码电路，形成不同的电路形式，但其目的相同，即用不同地址实现对不同的 I/O 设备的操作。

（1）组合逻辑器件译码

用组合逻辑器件（与、或、非门等）构造的译码电路最直观，在数字电子类课程中一般都会涉及这类电路。该方法构成的译码电路地址单一且固定。对于可扩展的工业计算机控制系统，灵活地改变接口电路的地址是非常必要的。

（2）比较器器件译码

为了扩大灵活译码的方位，在工业应用中，多采用 8 位比较器 74LS688 作为比较译码芯片进行地址译码。通过改变拨码开关，可变地址范围可达到 256 个。

（3）译码器器件译码

采用组合逻辑器件或比较器器件译码，往往一个输出地址就要对应一套译码电路；而采用译码器器件与其他逻辑器件相配合，特别适合连续多个地址的译码电路设计。

（4）GAL 器件译码

由译码器构成的译码电路虽然能很好地完成译码功能，但是都需要不止一个器件来构成译码电路。在实际应用中需要较大的安装空间和较多种类的产品备件，这将影响最终产品的成本、可靠性及可维护性。新型器件——通用阵列逻辑器件（Generic Array Logic，GAL）在功能上几乎可以取代整个 74 系列或 4000 系列的器件。GAL 器件有如下特点：①具有可编程的与门及或门阵列，可模拟任何组合逻辑器件的功能，并减少分立组合逻辑器件的使用数量。② GAL 的每个输出引脚上都有输出逻辑宏单元 OLMC（Output

Logic Macro Cell)，使用者定义每个输出的结构和功能，使用户能完成任何所需的功能。③ GAL 器件可在线电擦写、编程，数据保持时间在 10 年以上。④ GAL 器件有较高的响应速度，与 TTL 兼容。⑤ GAL 器件具有电信号标签，便于使用者在芯片预留可读的注释等条目。⑥ GAL 器件具有可编程的保密位，可防止对 GAL 器件的内容非法读取和复制。

显然，GAL 器件特别适合于译码电路的设计。常用的 GAL 器件有 GAL16v8、GAL20v8 等芯片，可依据应用条件不同而选取。GAL16v8 器件具有 20 个引脚，最多可具有 16 个输入端（这时仅有 2 个输出端）或 8 个输出端（这时仅有 10 个输入端）。该特性与其名字的命名相对应。

（二）总线接口常用芯片

在应用系统中，几乎所有系统扩展的外围芯片都是通过总线与 CPU 连接的，但是，以下问题需要在总线接口设计中进行考虑：①总线的数目是有限的。②外围芯片工作时有一个输入电流，不工作时也有漏电流存在，因此总线只能带动一定数量的电路。③对于多电压系统，不同电平标准芯片的连接也需要电平的匹配。

除了译码器件之外，锁存器和缓冲器也是通道接口的常用芯片。

三、数字量输入通道

（一）数字量输入通道的结构

数字量输入通道主要由输入缓冲器、输入调理电路、地址译码电路等组成。

（二）输入调理电路

数字量输入通道的基本功能是接收外部装置或生产过程的状态信号。这些状态信号的形式可能是电压、电流、开关的触点，因此容易引起瞬时的高压、过电压、接触抖动等现象。为了将外部开关量信号输入到计算机，必须将现场输入的状态信号经转换、保护、滤波、隔离等措施转换成计算机能够接收的逻辑信号，这些功能称为信号调理。

四、数字量输出通道

（一）数字量输出通道的结构

数字量输出通道主要由输出锁存器、输出驱动电路、输出口地址译码电路等组成。

（二）输出驱动电路

数字量输出的信号调理主要是进行功率放大，使控制信号具有足够的功率去驱动执行机构或其他负载。

1. 小功率直流驱动电路

对于低压小功率开关量输出，驱动电路可采用晶体管、OC门或运算放大器等方式输出，可以驱动低压电磁阀、指示灯等。

2. 继电器输出技术

继电器经常用于计算机控制系统中的开关量输出功率放大，即利用继电器作为计算机输出的第一级执行机构，通过继电器的触点控制大功率接触器的通断，从而完成从直流低压到交流高压、从小功率到大功率的转换。

五、模拟量输出通道

模拟量输出通道是计算机控制系统实现控制输出的关键，它的任务是把计算机输出的数字量转换成模拟电压或电流信号，以便驱动相应的执行机构，达到控制的目的。

（一）模拟量输出通道的结构

一个实际的计算机控制系统中，往往需要多路模拟量输出，采用的结构可分为数字保持式结构和模拟保持式结构。

1. 数字保持式结构

一个通路接一个D/A转换器，CPU与D/A之间通过独立的接口缓冲器传送信息。这种结构的优点是速度快、精度高、可靠、互不影响，但是需要的D/A多。

2. 模拟保持式结构

多个通路共用一个D/A转换器，CPU分时将各路D/A转换的信号通过多路开关分送到各路保持电路中。这种结构具有节省D/A的优点，但是速度慢、可靠性较差。

（二）多路转换器（多路开关）

多路转换器又称多路开关，是用来切换模拟电压信号的关键元件。利用多路开关可将各个输入信号依次地或随机地连接到公共端。

为了提高过程参数的测量精度，对多路开关提出了较高的要求。理想的多路开关其开路电阻为无穷大，接通时的导通电阻为零。此外，还希望切换速度快，噪声小，寿命长，工作可靠。

六、模拟量输入通道

模拟输入通道的任务是把被控对象的模拟量信号（如温度、压力、流量等）转换成计算机可以接收的数字量信号。

（一）模拟量输入通道的结构

模拟量输入通道因检测系统本身的特点、实际应用的要求等因素的不同，可以有不同的形式。比如，对于高速系统，特别是需要同时得到描述系统性能各项数据的系统，可采用并行转换结构。其特点是速度快、工作可靠，即使某一通路有故障，也不会影响其他通路正常工作。但通道越多，成本越高，而且会使系统体积庞大，给系统的校准带来困难。

（二）信号处理

根据传感器信号的类型、大小等特征，信号处理也具有不同的形式。通常具有以下几种：①传感器输出的信号是大信号模拟电压。②传感器输出的信号是小信号模拟电压。③传感器输出的信号是大电流信号。④传感器输出的信号是小电流的信号。

第四节　计算机控制系统中的抗干扰技术

一、干扰的形成

（一）干扰的来源

计算机控制系统中干扰的来源是多方面的，一般将控制系统所受到的干扰源分为外部干扰和内部干扰。

1. 外部干扰

外部干扰与系统结构无关，是由外界环境因素决定的，主要来源有：电源电网的波动、大型用电设备（如天车、电炉、大功率电动机、电焊机等）的起停、高压设备和电磁开关的电磁辐射、通信广播发射的无线电波、太阳或者其他天体辐射的电磁波等，甚至包括气温、湿度等气象条件的变化。

2. 内部干扰

内部干扰由系统结构、制造工艺等因素决定，主要有分布电容或分布电感产生的干扰、多点接地造成的电位差给系统带来的影响、长线传输的波反射产生的干扰等。

（二）干扰的作用途径

干扰的作用途径主要有静电耦合、电磁耦合和公共阻抗耦合。

1. 静电耦合

干扰信号通过分布电容进行传递称为静电耦合。系统内部各导线之间、印制电路板的各线条之间、变压器线匝的绕组之间以及元件之间、元件与导线之间都存在着分布电容。具有一定频率的干扰信号通过这些分布电容提供的电抗通道穿行，对系统形成干扰。

2. 电磁耦合

电磁耦合是指在空间磁场中电路之间的互感耦合。因为任何载流导体都会在周围的空间产生磁场，而交变磁场又会在周围的闭合电路中产生感应电动势，所以这种电磁耦合总是存在的，只是程度强弱不同而已。

3. 公共阻抗耦合

公共阻抗耦合是指多个电路的电流流经同一公共阻抗时所产生的相互影响。例如，系统中往往是多个电路共用一个电源，各电路的电流都流经的电源内阻和线路电阻就成为各电路的公共阻抗。每一个电路的电流在公共阻抗上造成的压降都将成为其他电路的干扰信号。

（三）干扰的作用形式

各种干扰信号通过不同的耦合方式进入系统后，按照对系统的作用形式不同又可分为共模干扰、串模干扰和长线传输干扰。

1. 共模干扰

共模干扰是在电路输入端相对公共接地点同时出现的干扰，也称为共态干扰、对地干扰、纵向干扰、同向干扰等。共模干扰主要是由电源的地、放大器的地以及信号源的地之间的传输线上电压降造成的。

2. 串模干扰

串模干扰是指串联叠加在工作信号上的干扰，也称为正态干扰、常态干扰、横向干扰等。

3. 长线传输干扰

在计算机控制系统中，现场信号到控制计算机以及控制计算机到现场执行机构，都需要一段较长的线路进行信号传输，所谓“长线”，取决于集成电路的运算速度。在计算机控制系统中，由于数字信号的频率很高，因此很多情况下传输线要按长线对待。

长线传输会遇到三个问题：一是长线传输易受到外界干扰；二是具有信号延时；三是高速变化的信号在长线传输时，还会出现波反射现象。

当信号在长线中传输时，由于受到传输线的分布电容和分布电感的影响，信号会在传输线内部产生向前进的电压波和电流波，称为入射波；另外，如果传输线的终端阻抗与传输线的波阻抗不匹配，那么当入射波到达终端时，便会引起反射；同样，反射波到达传输线始端时，如果始端阻抗不匹配，还会引起新的反射。这种信号的多次反射现象，使信号波形失真和畸变，并且引起干扰脉冲。

二、硬件抗干扰技术

干扰是客观存在的，为了减少干扰对计算机控制系统的影响，必须采用各种抗干扰措施，以保障系统正常工作。可根据干扰的作用形式有针对地采用硬件抗干扰技术进行抑制。另外，系统供电与接地技术也是抗干扰技术中很重要的部分。

（一）共模干扰的抑制

抑制共模干扰的主要方法是设法消除不同接地点之间的电位差。

1. 变压器隔离

变压器隔离利用变压器把模拟信号电路与数字信号电路隔离开来，也就是把模拟地与数字地断开，以使共模干扰电压不成回路，从而抑制了共模干扰。注意，隔离前和隔离后应分别采用两组互相独立的电源，以切断两部分的地线联系。

由于光电耦合器是用光传送信号，两部分电路无直接电气联系，因此，切断了它们之间地线的联系，抑制了共模干扰。除此之外，光电耦合器抑制干扰还有两方面的功效：首先，发光二极管动态电阻非常小，而干扰源的内阻一般很大，因此，能够传送到光电耦合器输入端的干扰信号就小；其次，光电耦合器的发光二极管只有通过一定的电流时才能发光，而许多干扰信号幅值虽然较高，但能量较小，不足以使发光二极管发光，所以可有效地抑制干扰信号。

根据所用的器件及电路不同，通过光电耦合器不仅可以实现模拟信号的隔离，还可以实现数字量的隔离。光电隔离前后两部分电路应分别采用两组独立的电源。对于模拟信号的光电隔离，应采用线性光电耦合器。

2. 浮地屏蔽

浮地屏蔽采用浮地输入双层屏蔽放大器来抑制共模干扰。所谓浮地，就是利用屏蔽方法使信号的“模拟地”浮空，从而达到抑制共模干扰的目的。

3. 采用具有高共模抑制比的仪表放大器作为输入放大器

共模电压对放大器的影响，实际上是转换成串模干扰的形式而加入放大器输入端的。

（二）串模干扰的抑制

抑制串模干扰主要从干扰信号与工作信号的不同特性入手，针对不同情况采取相应的措施。

1. 在输入回路中接入模拟滤波器

如果串模干扰频率比被测信号频率高，则采用低通滤波器来抑制高频串模干扰；如果串模干扰频率比被测信号频率低，则采用高通滤波器来抑制低频串模干扰；如果串模干扰频率落在被测信号频谱的两侧，应采用带通滤波器。

一般情况下，串模干扰均比被测信号变化快，故常用二阶阻容低通滤波网络作为A/D 转换器的输入滤波器。

2. 采用双绞线作为信号线

若串模干扰和被测信号的频率相当，则很难用滤波的方法消除。此时，必须采取其他措施消除干扰源。通常可在信号源到计算机之间选用带屏蔽层的双绞线，并确保接地正确可靠。

采用双绞线作为信号引线的目的是减少电磁。双绞线能使各个小环路的感应电动势相互抵消。一般双绞线的节距越小抗干扰能力越强。

3. 电流传送

当传感器信号距离主机很远时很容易引入干扰。如果在传感器出口处将被测信号由电压转换为电流，而后以电流形式传送信号，将大大提高信噪比，从而提高传输过程中的抗干扰能力。

（三）供电系统的抗干扰技术

1. 抗干扰稳压电源的设计

计算机控制系统的直流稳压电源采用了双隔离、双滤波和双稳压措施，具有较强的抗干扰能力，可用于一般工业控制场合。

隔离变压器的作用有两个：其一是防止浪涌电压和尖峰电压直接窜入而损坏系统；其二是利用其屏蔽层阻止高频干扰信号窜入。为了阻断高频干扰经耦合电容传播，隔离变压器设计为双屏蔽形式，一次、二次绕组分别用屏蔽层屏蔽起来，两个屏蔽层分别接地。这里的屏蔽为电场屏蔽，屏蔽层可用铜网、铜箔或铝网、铝箔等非导磁材料制成。

各种干扰信号一般都有很强的高频分量，低通滤波器是有效的抗干扰器件，它允许工频 50Hz 电源通过，而滤掉高次谐波，从而改善供电质量。低通滤波器一般由电感和电容组成，在市场上有各种低通滤波器产品供选用。一般来说，在低压大电流场合，应选用小电感大电容滤波器；而在高压小电流场合，应选用大电感小电容滤波器。

交流稳压器的作用是保证供电的稳定性，防止电源电压波动对系统的影响。

电源变压器是为直流稳压电源提供必要的电压而设置的。为了增加系统的抗干扰能力，将电源变压器做成双屏蔽形式。

直流稳压系统包括整流器、滤波器、直流稳压器和高频滤波器等几部分。

2. 电源系统的异常保护

由于计算机控制系统不允许意外中断，因此一般采用不间断电源设备（UPS）。在正常情况下，由交流电网向计算机控制系统供电，并同时给 UPS 的电池组充电。一旦交流电网出现断电，则 UPS 会自动切换到逆变器供电，逆变器再将电池组的直流电压逆变成为与工频电网同频的交流电压对系统供电。

3. 掉电保护

对于允许暂时停运的小型计算机控制系统，希望在电源掉电的瞬间，系统能自动保护 RAM 中的有用信息和系统的运行状态，以便当电源恢复时，能自动从掉电前的工作状态恢复。掉电保护工作包括电源监控和 RAM 的掉电保护两个任务。

电源监控用来监测电源电压的掉电，以便使 CPU 能够在电源下降到所设定的门限值之前完成必要的数据转移和保护工作，并同时监控电源何时恢复正常。电源监控电路有很多种类和规格。

经常使用镍电池，对 RAM 数据进行掉电保护。有不少 CMOS 型 RAM 芯片在设计时就已被考虑并被赋予具有微功耗保护数据的功能，如 6116、6264、62256 等芯片，当它们的片选端为高电平时，即进入微功耗状态，这时只需 2V 的电源电压、5 ～ 40μA 的电流就可保持数据不变。

（四）接地技术

计算机控制系统接地技术的目标有两个：一方面是抑制干扰，使计算机稳定地工作；另一方面是保护计算机、电气设备和操作人员的安全。

1. 计算机控制系统中的地线

计算机控制系统中的地线有多种，主要包括数字地、模拟地、安全地、系统地和交流地。

数字地也叫逻辑地，是系统中各种数字电路的零电位；模拟地是系统中的传感器、变送器、放大器、A/D 和 D/A 转换器中的模拟电路的零电位；安全地又称为保护地或机壳地，是使设备机壳与大地等电位，以避免机壳带电而影响人身及设备的安全；系统地是上述几种地的最终汇流点，直接与大地相连，由于地球是体积非常大的导体，其静电容量非常大，电位比较恒定，因此，人们将它的电位作为基准电位，即零电位；交流地是交流供电电源的地线，其地电位很不稳定，是噪声地。

对模拟地和数字地分别设置汇流条，安全地是与模拟地和数字地分离开的，这些地通过铜接地板交汇，用截面积不小于 300mm^2 的铜线焊接在接地板上，而后深埋于地下。

2. 接地方法

（1）一点接地和多点接地

对于信号频率小于 1MHz 的低频电路，其布线和元器件间的电感影响较小，地线阻抗不大，而接地电路形成的环流有较大的干扰作用，因而应采用一点接地，防止地环流的产生。当信号频率大于 10MHz 时，其布线与元器件间的电感使得地线阻抗变得很大。为了降低地线阻抗，应采用就近多点接地。如果信号频率在 1 ～ 10MHz，当地线长度不超过信号波长的 1/20 时，可以采用一点接地，否则就要多点接地。

由于在工业过程控制系统中，信号频率大都小于 1MHz，故通常采用一点接地。

（2）模拟地和数字地的连接

数字地主要是指 TTL 或 CMOS 芯片、I/O 接口芯片、CPU 芯片等数字逻辑电路的接地端，以及 A/D、D/A 转换器的数字地。而模拟地则是指放大器、采样 / 保持器和 A/D、D/A 中模拟信号的接地端，在微机控制系统中，数字地和模拟地必须分别接地，然后仅在一点处把两种地连接起来。

三、软件抗干扰技术

（一）数字量输入 / 输出通道的软件抗干扰技术

1. 数字量输入抗干扰措施

对于数字量的输入，为了确保信息准确无误，在软件上可采取多次读取的方法（至少读两次），认为无误后再进行输入。

2. 数字量输出抗干扰措施

当计算机输出开关量控制闸门、料斗等执行机构动作时，为了防止这些执行机构受外界干扰而误动作，比如已关的闸门、料斗可能中途打开，已开的闸门、料斗可能中途突然关闭等，可以在应用程序中每隔一段时间发出一次输出命令，不断地关闭闸门或者开闸。

（二）模拟量输入通道的采样数据的合理性判别及报警

过程输入通道采集到的各种原始信号，除了数字量或脉冲量外，大部分是表示温度、压力和流量等的模拟量。为了提高信号的可靠性，在使用采样数据前，需要对它们的合理性进行判别，若出现异常，要报警以得到及时的处理。

每个被测信号都有一定的量程范围，即给定了上下限。对某些比较重要的参数，为更保险起见，还需设置上上限和下下限两个门槛。当检测到的采样值超过设定的量程范围时，一方面将得到的采样值限幅，另一方面给出相应的报警信息。

（三）模拟量输入通道采样数据的数字滤波方法

虽然通过使用各种硬件抗干扰技术，对噪声进行了抑制，但是模拟量输入通道的采样数据依然可能包含噪声信息，数字滤波是提高数据采集系统可靠性的有效方法。

所谓数字滤波，就是通过一定的计算或判断程序减少干扰在有用信号中的比重，故实质上它是一种程序滤波。数字滤波克服了模拟滤波器的不足，它与模拟滤波器相比，有以下几个优点：①数字滤波是用程序实现的，不需要增加硬件设备，所以可靠性高，稳定性好。②数字滤波可以对频率很低（如 0.01Hz）的信号实现滤波，克服了模拟滤波器的缺陷。③数字滤波器可根据信号的不同，采用不同的滤波方法或滤波参数，具有灵活、方便、功能强的特点。

（四）软件冗余技术

1. 数据冗余

RAM 数据冗余就是将要保护的原始数据在另外两个区域同时存放，建立两个备份，当原始数据块被破坏时，用备份数据块去修复。备份数据的存放地址应远离原始数据的存放地址，以免被同时破坏。数据区也不要靠近栈区，以防止堆栈溢出而冲掉数据。

2. 指令冗余

当 CPU 受到干扰后，往往将一些操作数当作指令码来执行，引起程序混乱。当程序跑飞到某一单字节指令上时，便自动纳入正轨。当跑飞到某一双字节指令上时，有可能落到其操作数上，从而继续出错。当程序跑飞到三字节指令上时，因它有两个操作数，继续出错的机会更大。因此，我们应多采用单字节指令，并在关键的地方人为地插入一些单字节指令（NOP）或将有效单字节指令重复书写，这便是软件冗余。

（五）程序运行失常的软件抗干扰

为了防止“死机”，一旦发现程序运行失常后能及时引导程序恢复原始状态，必须采取一些相应的软件抗干扰措施。

1. 设置软件陷阱

当干扰导致程序计数器 PC 值混乱时，可能造成 CPU 离开正确的指令顺序而跑飞到非程序区去执行一些无意义地址中的内容，或进入数据区，把数据当作操作码来执行，使整个工作紊乱，系统失控。针对这种情况，可以在非程序区设置陷阱，一旦程序飞到非程序区，就会很快进入陷阱，然后强迫程序由陷阱进入初始状态。

所谓软件陷阱，就是一条引导指令，强行将捕获的程序引向一个指定的地址，在那里有一段专门对程序出错处理的程序。软件陷阱安排在以下几种地方：未使用的中断向量区、未使用的大片 ROM 空间、表格区和程序区。

2. 设置监视跟踪定时器

监视跟踪定时器，也称为看门狗定时器（Watchdog），可以使陷入“死机”的系统复位，重新启动程序运行。这是目前用于监视跟踪程序是否正常运行的最有效的方法之一，得到了广泛的应用。

每一个计算机控制系统都有自己的程序运行周期。在程序运行的每个循环周期内，对定时器重新初始化。如果程序运行失常，跑飞或进入局部死循环，不能按正常循环路线运行，则 Watchdog 定时器就得不到及时的重新初始化而引起复位，从而再次将程序的运行拉入正常的循环轨道。

看门狗功能往往通过软硬件结合的方式实现。对于工控机，可通过工控机 BIOS 设置功能，将看门狗功能打开，计算机控制系统的软件，通过特定的函数对 Watchdog 定时器进行初始化操作。对于一些以单片机、DSP 等为基础开发单元的计算机控制系统，也可通过 Watchdog 芯片实现。

第五节　计算机控制系统中的控制策略与实现

一、通信系统的性能指标

通信系统的任务是传递信息，因而信息传输的有效性和可靠性是通信系统最主要的质量指标。有效性是指所传输信息的内容有多少；可靠性是指接收信息的可靠程度。通信有效性实际上反映了通信系统资源的利用率。通信过程中用于传输有用报文的时间比例越高越有效。同样，真正要传输的数据信息位在所传报文中占的比例越高说明有效性越好。

二、数据的传输方式

数据传输方式是指数据代码的传输顺序和数据信号传输时的工作方式。

（一）串行传输与并行传输

在串行传输中，数据流以串行方式逐位地在一条信道上传输。每次只能发送一个数据位，发送方必须确定是先发送数据字节的高位还是低位。同样，接收方也必须知道所收到的字节的第一个数据位应该处于什么位置。串行传输具有易于实现、长距离连接中可靠性高等优点。适合远距离的数据通信，但需要在收发双方采取同步措施。

并行传输是将数据以成组的方式在两条以上的并行通道上同时传输。它可以同时传输一组数据位，每个数据位使用单独的一条导线。例如，采用 8 条导线并行传输一个字节的 8 个数据位，另外用一条“选通”线通知接收方接收该字节，接收方可对并行通道上各条导线的数据位信号并行取样。若采用并行传输进行字符通信时，不需要采取特别措施就可实现收发双方的字符同步。并行传输所需要的传输通道多，一般在近距离的设备之间进行数据传输时使用。

串行传输和并行传输的区别在于组成一个字符或字节的各数据位是依顺序逐位传输还是同时并行地传输。

（二）同步传输与异步传输

在数据通信系统中，各种处理工作总是在一定的时序脉冲控制下进行的，而通信系统的收发工作的协调一致性又是实现信息传输的关键，这就是数据通信系统中的传输同步问题。

串行数据传输中的二进制代码在一条总线上以数据位为单位按时间顺序逐位传送，接收按顺序逐位接收，接收端必须能正确地按位区分才能正确恢复所传输的数据。串行通信中的发送方和接收方都需要使用时钟信号，通过时钟决定什么时候发送和读取每一位数据。同步传输和异步传输是串行通信中使用时钟信号的不同方式。

在同步传输中，所有设备都使用一个共同的时钟，这个时钟可以由参与通信的设备或器件中的一台产生，也可以由外部时钟信号源提供。时钟可以有固定的频率，也可以间隔一个不规则的周期进行切换。所有传输的数据位都和这个时钟信号同步，即传输的每个数据位只在时钟信号跳变（上升或者下降沿）之后的一个规定的时间内有效，接收方利用时钟跳变来决定什么时候读取一个输入的数据位。如果发送方在时钟信号的下降沿发送数据字节，则接收方在时钟信号中间的上升沿接收并锁存数据。也可以利用所检测到的逻辑高电平或者低电平来锁存数据。

同步传输可用于一个单块电路板元器件之间的数据传送或者用于连接在 30 ～ 40cm 甚至更短距离的电缆数据通信，如 SPI 和 I^2C 都属于同步传输。由于同步传输比异步传输效率更高，适合高速传输的要求，因而在高速数据传输系统中具有一定的优势。对于更长距离的数据通信，同步传输需要一条额外的线来传输时钟信号，代价较高，并且容易受到噪声的干扰。

在异步传输中，每个通信节点都有自己的时钟信号，每个通信节点必须在时钟频率上保持一致，并且所有的时钟必须在一定误差范围内相吻合。当传输一个字节时，通常会包括一个起始位来同步时钟。RS-232 和 RS-485 都属于异步传输。

异步又称起止同步，这是在计算机通信中常用的同步方式，在异步方式中，并不要求在传送信号的每一数据位时收发两端都同步。例如，在单个字符的异步方式传输中，在传输字符前设置一个启动用的起始位，预告字符的信息代码即将开始；在信息代码和校验信号结束后，也设置一个或多个终止位，表示该字符已结束。在起始位和终止位之间，形成一个需传送的字符。

当从不传输数据的状态转到起始位状态时，在接收端将检测出极性状态的改变，利用这种改变启动定时机构，实现同步。当接收端收到终止位时，就将定时机构复位，准备接收下面的数据。

异步方式实现起来简单容易，频率的漂移不会积累，对线路和收发器要求较低。但在异步方式传输中，往往因同步的需要，需要另外传输一个或多个同步字符或帧头，因而会增加网络开销，使线路效率受到一定的影响。

三、信号的传输模式

（一）信道的频率特性

频率特性描述通信信道在不同频率的信号通过以后，其波形发生变化的特性。

频率特性分为幅频特性和相频特性。幅频特性指不同频率的信号通过信道后，其幅值受到不同衰减的特性；相频特性指不同频率的信号通过信道后，其相角发生不同程度改变的特性。理想信道的频率特性应该是对不同频率产生均匀的幅频特性和线性相频特性。而实际信道的频率特性并非理想，因此，通过信道后的波形会产生畸变。如果信号的频率在信道带宽范围内，则传输的信号基本上不失真，否则，信号的失真将较严重。

信道频率特性不理想是由于传输线路并非理想线路。实际的传输线路存在电阻、电感、电容，由它们组成分布参数系统。由于电感、电容的阻抗随频率而变，故信号的各次谐波的幅值衰减不同，其相角变化也不尽相同。当然，信道的频率特性不仅与介质相关，还和中间通信设备的电气特性有关。

电话线是经常使用的远距离通信介质，但电话线频带很窄，通常为 30 ～ 3000Hz。若用数字信号直接通信，经过电话线传输后，信号就会产生畸变。接收一方将因为数字信号逻辑电平模糊不清而无法鉴别，从而导致通信失败。

（二）基带传输

基带传输就是在基本不改变数据信号频率的情况下，在数字通信中直接传送数据的基带信号，即按数据波的原样进行传输，不采取任何调制措施。它是目前广泛应用的基本的数据传输方式。

目前大部分计算机局域网，包括控制局域网，都采用基带传输方式。这种传输方式，信号按数据位流的基本形式传输，整个系统不用调制解调器，因此，系统价格低廉。系统可采用双绞线或同轴电缆作为传输介质，也可采用光缆作为传输介质。与宽带网相比，基带网的传输介质比较便宜，可以达到较高的传输速率（一般为 1 ～ 10Mbit/s），但其传输距离一般不超过 25km，传输距离加长，传输质量会降低。基带网的线路工作方式一般只能为半双工方式或单工方式。

（三）载波传输

载波传输是利用调制手段，将数字信号变换成某种能在通信线上传输而不受影响的波形信号。正弦波正是最理想的选择，这不仅因为产生正弦波很方便，更重要的是正弦波不易受通信线（电话线）固有频率的影响。

信号发送端的调制器将待传输的数字信号转换成模拟信号，接收方用解调器检测此模拟信号，再把它转换成数字信号。将调制器和解调器合二为一的装置称为调制解调器，又称 MODEM。

调制的方式有多种，如幅移键控（ASK）、频移键控（FSK）、相移键控（PSK）。其中频移键控是一种最常用的调制方法。它把数字信号的“1”和“0”调制成不同频率的模拟信号。

（四）宽带传输

宽带传输是数字信号传输的一种方式，将数字信号变换为特定带宽的模拟信号传输，然后在接收端又将它变换过来的传输方式，其中的变换仍由调制解调器来完成。在计算机局部网络中，经常使用宽带传输形式，它能容纳全部广播并可进行高速数据传输，且允许在同一信道上进行数字信息和模拟信息服务。

对比基带传输，宽带传输将一条宽带信道划分为多条逻辑信道（只是在宽带信道中划分，还是一条数据线），实现多路复用。因此，信道的容量大大增加，宽带传输的距离比基带远。

四、数据编码

数据通信系统的任务是传送数据或指令等信息，这些数据通常以离散的二进制 0、1 序列的方式来表示。用 0、1 序列的不同组合来表达不同的信息内容，从而形成不同的编码形式。而 0、1 码元又可以表示为不同的波形编码形式，主要分为数字码元编码和模拟码元编码。用高低电平的矩形脉冲信号来表达码元的0、1状态的称为数字码元编码;用模拟信号的不同幅度、不同频率和不同相位来表达码元的0、1状态的称为模拟码元编码。

（一）数据的编码

0、1序列的不同组合可表达不同的信息内容，例如，2位二进制码的4种不同组合00、01、10、11，可分别表示某个控制电动机处于断开、闭合、出错和不可用4种不同的工作状态。

通过编码，把每种组合与一个确定的内容联系起来，从而进行信息的表达。

（二）数字码元编码

数字码元编码用高低电平的矩形脉冲信号来表达码元的0、1状态，下面讨论几种数字数据编码波形。

1. 单极性码

单极性码是信号电平为单极性的编码。例如，逻辑1为高电平，逻辑0为零电平的信号表达方式。

2. 双极性码

双极性码是信号电平为正、负两种极性的编码。例如，逻辑1为正电平，逻辑0为负电平的信号表达方式。

3. 归零码（RZ）

归零码是在每一位二进制信息传输之后均返回零电平的编码。例如，双极性归零码的逻辑1只在该码元时间的一半维持高电平，之后就恢复到零电平，其逻辑0只在该码元时间的一半维持负电平，之后也恢复到零电平的信号表达方式。

4. 非归零码（NRZ）

非归零码是在整个码元时间内都维持有效电平的编码。

5. 差分码

差分码是用电平的变化与否来代表逻辑“1”和“0”的编码。电平变化代表“1”，不变化代表“0”，按此规定的编码方式形成的编码称为差分码。差分码按初始状态为高电平或低电平，会有相位截然相反的两种波形。

实际的传输过程往往是上述几种方式的结合，曼彻斯特编码就是其中非常典型的一种。

曼彻斯特编码是在工业数据通信中最常用的一种基带信号编码。它具有内在的时钟信息，从而能使网络上的每个节点保持时钟同步。在曼彻斯特编码中，从高电平跳变到低电平表示“0”；从低电平跳变到高电平表示“1”。可见，在一个时间段内，其中间点总有一次信号电平的变化，因而携带有信号传送的同步信息。这样就无须另外传送同步信号。

差分曼彻斯特编码是曼彻斯特编码的一种变形。它既具有曼彻斯特编码在每个比特时间间隔中间信号一定会发生跳变的特点，也具有差分码用电平变化代表逻辑“1”、不变化代表逻辑“0”的特点。它通过检查信号在每个周期起点处有无跳变来区分 0 和 1。这种检查信号跳变的方式往往更可靠。即使作为通信传输介质的两条导线颠倒了，对该编码信号的状态判别结果依然有效。

（三）模拟码元编码

模拟码元编码采用模拟信号来表达数据的 0、1 状态。信号的幅度、频率和相位是描述模拟信号的参数，可以通过改变这 3 个参数实现模拟码元编码，幅移键控、频移键控和相移键控是模拟码元编码的 3 种编码方法。

在 ASK 中，载波信号的频率、相位不变，幅度随调制信号变化；在 FSK 中，载波信号的频率随着调制信号而变化，而载波信号的幅度、相位不变。现场总线的 HART 通信信号即采用这种编码方式，其信号频率为 1200Hz 时表示“1”，信号频率为 2200Hz 时表示“0”；在 PSK 中，载波信号的相位随着调制信号而变化，而载波信号的幅度、频率不变。

五、通信数据的差错校验

数据通信中，由于干扰等各种原因，数据差错不可避免，因此需要可靠地判断出传输是否有误，即差错校验。差错校验的基本原理是：发送方在发送数据基础上，生成某些校验编码，附加在数据后面一起发送；接收方收到数据和校验码后，用校验码进行检验，确定本次传输的正确性。

常用的差错校验包括奇 / 偶校验、校验和、循环冗余码校验。

（一）奇 / 偶校验

用这种校验方法，在发送时，在每一个字符或字节的最高位之后都附加一个奇 / 偶校验位。这个校验位可为“1”或为“0”，以便保证整个字符或字节（包括校验位）为“1”的位数为偶数（偶校验）或为奇数（奇校验）。接收时，按照发送方所确定的同样的奇偶性，对接收到的每一个字符或字节进行校验，若二者不一致，便说明出现了差错。

对于奇校验和偶校验的选择，ISO（International Organization for Standardization，

国际标准化组织）规定：在同步传输中，采用奇校验；在异步传输中，采用偶校验。

（二）校验和

这种校验方法针对数据块，而不是单个字符或字节。在数据发送时，发送方对块中数据进行求和，产生一个校验字符或字节（校验和）附加到数据块结尾。

接收方对接收到的数据块算术求和后，所得的结果与接收到的校验和字符或字节比较，如果两者不同，即表示接收有错。

为了便于计算机进行计算，往往将求和过程转变为对应位的异化操作，这样既使计算快速，也没有了累加进位的问题。值得强调的是，校验和不能检测出排序错误，也就是说，即使信息段被随机无序地发送，产生的校验和仍然相同。

第三章 计算机网络技术

第一节 计算机网络概述

一、计算机网络的定义与分类

（一）定义

计算机网络是指将地理位置不同的具有独立功能的多台计算机及其外部设备，通过通信线路连接起来，在网络操作系统、网络管理软件及网络通信协议的管理和协调下，实现资源共享和信息传递的计算机系统。

关于计算机网络的最简单定义是：一些相互连接的、以共享资源为目的的、自治的计算机的集合。

（二）功能

计算机网络的功能主要表现在资源共享、网络通信、分布处理、集中管理和均衡负载5个方面。

1. 资源共享

资源共享包括硬件资源、软件资源以及通信信道共享三部分。硬件资源包括在全网范围内提供的存储资源、输入/输出资源等昂贵的硬件设备，既可以节省用户投资，也便于网络的集中管理和均衡分担负荷；软件资源包括互联网上的用户远程访问各类大型数据库、网络文件传送服务、远地进程管理服务和远程文件访问服务等；通信信道可以理解为电信号的传输介质，通信信道的共享是计算机网络中最重要的共享资源之一。

2. 网络通信

计算机网络通信通道不仅可以传输传统的文字数据信息，还包括图形、图像、声音、视频流等各种多媒体信息。

3. 分布处理

对于大型任务的处理，不是集中在一台大型计算机上，而是通过计算机网络将待处理任务进行合理分配，分散到各个计算机上运行。这样，在降低软件设计的复杂性的同时，可以大大提高工作效率和降低成本。

4. 集中管理

和分布处理相反，对地理位置相对分散的组织和部门，可通过计算机网络来实现集中管理，如数据库情报检索系统、交通运输部门的订票系统、军事指挥系统等。

5. 均衡负荷

当网络中某台计算机的任务负荷太重时，通过网络和应用程序的控制和管理，将作业分散到网络中的其他计算机中，由多台计算机共同完成。

（三）分类

说到计算机网络，大家通常会听到很多名词，如局域网、广域网、ATM网络、IP网络等。上述这些名词都是计算机网络按照不同的分类标准分类之后得到的一种具体的称呼。一般情况下，计算机网络可以按照网络覆盖范围、传输技术、网络拓扑结构以及传输介质等来分类。

1. 按网络覆盖范围分类

虽然计算机网络类型的划分标准不同，但是从网络覆盖的地理范围划分是一种大家都认可的通用网络划分标准。根据该标准可以将各种不同网络类型划分为局域网、城域网、广域网和互联网 4 种。需要说明的是，这里的网络划分并没有严格意义上地理范围的区分，只能是一个定性的概念。

（1）局域网

局域网（Local Area Network，LAN）是我们最常见、应用最广的一种网络。早期的局域网就在一个房间内，后来扩展到一栋楼甚至几栋楼里面。现在随着整个计算机网络技术的发展和提高，局域网可以扩大到一个企业、一个学校及一个社区等。但不管局域网如何扩展，它所覆盖的地区范围还是较小。局域网在计算机数量配置上没有太多的限制，少的可以只有两台，多的可达几百台。一般来说在企业局域网中，工作站的数量在几十到两百台。在网络所涉及的地理距离上一般是几米至 10 千米以内。

局域网的特点是连接范围小、用户数少、配置容易、连接速率高。目前局域网最快的以太网速率可以达到 10Gbit/s。为了适应局域网的快速发展，IEEE 802 标准委员会定义了多种主要局域网标准，如以太网、令牌环网、光纤分布式接口网络、异步传输模式网以及最新的无线局域网。这些内容都将在后面章节中详细介绍。局域网可以在全网范围内提供对处理资源、存储资源、输入/输出资源等昂贵设备的共享，使用户节省投资，也便于集中管理和均衡分担负荷。

（2）城域网

城域网（Metropolitan Area Network，MAN）的规模比局域网大，一般来说是在一个城市范围内计算机互联。其用户可以不在同一个地理小区范围内。这种网络的连接距离可以在 10 ～ 100km，采用的是 IEEE 802.6 标准。城域网比局域网扩展的距离更长，连接的计算机数量更多，从地理范围上是对局域网络的延伸。一般情况下，在一个大型城市或都市地区中，一个城域网网络通常连接着多个局域网。例如，连接政府机构的局域网、医院的局域网、公司企业的局域网等。由于光纤技术的发展和引入，使城域网中高速的局域网互联成为可能。

城域网一般采用 ATM 技术做骨干网。ATM 是一个用于数据、语音、视频以及多媒体应用程序的高速网络传输方法。它包括一个接口和一个协议，该协议能够在一个常规的传输信道上，在比特率不变及变化的通信量之间进行切换。ATM 包括硬件、软件以及与 ATM 协议标准一致的介质。ATM 提供一个可伸缩的主干基础设施，以便能够适应不同规模、速度以及寻址技术的网络。ATM 的最大缺点就是成本太高，所以一般在政府城域网中应用，如邮政、银行、医院等。允许互联网上的用户远程访问各类大型数据库，可以得到网络文件传送服务、远地进程管理服务和远程文件访问服务，从而避免软件研制上的重复劳动以及数据资源的重复存储，也便于集中管理。

（3）广域网

广域网（Wide Area Network，WAN）也称为远程网，所覆盖的范围比城域网广，它一般是在不同城市或者不同省份之间的局域网或者城域网网络互联，地理范围可从几百公里到几千公里。因为距离较远，信息衰减比较严重，所以这种网络一般是要租用专线，通过接口信息处理协议和线路连接起来，构成网状结构，解决寻径问题。

广域网使用的主要技术为存储一转发技术。城域网与局域网之间的连接是通过接入网来实现的。接入网又称为本地接入网或居民接入网，它是近年来由于用户对高速上网需求的增加而出现的一种网络技术，是局域网与城域网之间的桥接区。

（4）因特网

因特网（Internet）是英文单词 Internet 的谐音，又称为互联网，是规模最大的网络，就是常说的 Web、WWW 和万维网等。Internet 发展至今，已经逐步改变了人们的生活和生产方式，我们可以足不出户购买商品，可以在虚拟社区建立自己的人际关系，可以在网络中找到自己合适的工作等。我们都是 Internet 的消费者，同时也是 Internet 信息的生产者。整个网络的计算机每时每刻随着人们网络的接入和撤销在不断地发生变化，其网络实现技术也是最复杂的。

上述网络的几种分类，在现实生活中应用最多的还是局域网。因为它灵活，无论在工作单位还是在家庭实现起来都比较容易，应用也最广泛。

2. 按传输技术分类

按照传输技术分类就是根据网络中信息传递的方式，可将其分为广播式网络和点对点网络。

（1）广播式网络

广播式网络即在整个网络中有一个设备传递信息，其他所有设备都能收到该信息。其特点是应用的范围较小。所以广播式网络的规模不能太大，一般应用在局域网技术当中。

（2）点对点网络

点对点网络即信息的传递是一点一点地交换下去。类似接力比赛，接力棒依次传递。该方式可以应用于大规模的网络信息传递。

3. 按网络拓扑结构分类

把计算机网络按照计算机与计算机之间的连接方式来划分，可分为星型网络、环型网络、总线型网络、树型网络和网状网络。

4. 按传输介质分类

（1）有线网络

有线网络即计算机与计算机之间连接的媒介是看得见的，如双绞线、光纤等传输介质。

（2）无线网络

无线网络即计算机与计算机之间连接的媒介是看不见的，是利用空中的无线电波来传递信息的，如手机和笔记本可以利用 Wi-Fi 上网。

二、计算机网络的组成与结构

一般而言，可以将计算机网络分成三个主要组成部分：若干个主机，功能是为用户提供服务；一个通信子网，主要由节点交换机和连接这些节点的通信链路所组成，功能是为不同节点之间传递信息；一系列的协议，这些协议的功能是为在主机和主机之间、主机和子网中各节点之间的通信提供信息传递的标准，它是通信双方事先约定好的和必须遵守的规则。

（一）通信子网

通信子网由通信控制处理机（Communication Control processor，CCP）、通信线路与其他通信设备构成，负责完成网络数据传输、转发等通信处理任务。

CCP在网络拓扑结构中被称为网络节点，具体的设备就是路由器。它有两方面功能：一是与资源子网中的主机、终端连接的接口，将主机和终端连入网内；二是作为通信子网中的信息存储—转发节点，完成信息的接收、校验、存储、转发等功能，实现将源主机信息准确发送到目的主机的作用。路由器之间的连接方式一般采用点对点的连接方式；路由器之间的信息交换方式采用的就是分组交换技术。而“计算机网络技术”课程讲解的主要内容就是网络中的一台主机发送了一个应用请求，该请求如何到达一台服务器（路由器），该服务器如何理解这个请求，并将这个请求发送到另一个中间转接服务器或者是目的主机。

通信线路为通信控制处理机与通信控制处理机、通信控制处理机与主机之间提供通信信道。计算机网络采用了多种通信线路，如电话线、双绞线、同轴电缆、光缆、无线通信信道、微波与卫星通信信道等。

（二）资源子网

资源子网由主机系统、终端、终端控制器、联网外设、各种软件资源与信息资源组成。资源子网实现全网的面向应用的数据处理和网络资源共享，它由各种硬件和软件组成。

1. 主机系统

它是资源子网的主要组成单元，安装有本地操作系统、网络操作系统、数据库、用户应用系统等软件。它通过传输介质与通信子网的通信控制处理机（路由器）相连接。普通用户终端通过主机系统连入网内。早期的主机系统主要是指大型机、中型机与小型机。

2. 终端

它是用户访问网络的界面。终端可以是简单的输入、输出终端，也可以是带有微处理器的智能终端。智能终端除具有输入、输出信息的功能外，本身还具有存储与处理信息的能力。终端既可以通过主机系统连入网内，也可以通过终端设备控制器、报文分组组装与拆卸装置或通信控制处理机连入网内。现在常用的个人计算机、平板电脑、手机等都是终端设备。

3. 网络操作系统

它是建立在各主机操作系统之上的一个操作系统，用于实现不同主机之间的用户通信，以及全网硬件和软件资源的共享，并向用户提供统一的、方便的网络接口，便于用户使用网络。

4. 网络数据库

它是建立在网络操作系统之上的一种数据库系统，既可以集中驻留在一台主机上（集中式网络数据库系统），也可以分布在每台主机上（分布式网络数据库系统）。它向网络用户提供存取、修改网络数据库的服务，以实现网络数据库的共享。

5. 应用系统

它是建立在上述部件基础上的具体应用，以实现用户的需求。

三、计算机网络体系结构

（一）计算机网络分层结构

1. 分层

计算机网络的基本功能是网络通信。根据网络通信中节点的不同可分为两种基本方式：第一种为相邻节点之间的通信；第二种为不相邻节点之间的通信。相邻节点之间的通信可以通过直达通路通信，称为点对点通信；不相邻节点之间的通信需要中间节点链接起来形成间接可达通路，完成通信，称为端到端通信。所以说，点对点通信是端到端通信的基础，端到端通信是对点对点通信的延伸。

（1）点对点通信

需要在通信的两台计算机上有相应的通信软件。该通信软件需要有与两台主机操作管理系统的接口，还需具备两个接口界面，即用户应用的界面与通信的界面。因此通信软件的设计就自然划分为两个相对独立的模块，形成用户服务层和通信服务层两个基本层次体系。

（2）端到端通信

该通信是通过链路把若干点对点的通信线路通过中间节点（路由器）链接起来而形成的，因此，端到端的通信要依靠各节点间点对点通信连接得正确和可靠。此外，必须要解决两个问题。第一，中间节点要具有路由转接功能，即源节点的信息可通过中间节点的路由转发，形成一条到达目的节点的端到端的可达链路；第二，端节点上应具有启动、建立和维护该条端到端链路的功能。启动和建立链路是指发送方节点与接收方节点在正式通信前双方进行的通信，以建立端到端链路的过程。维护链路是指在端到端链路通信过程中对差错或流量控制等问题的处理。

因此在端到端通信的过程，两个层次已经不能满足要求，需要在通信服务层与应用服务层之间增加一个新的层次，该层次用来负责处理网络端到端的正确可靠的通信问题，称为网络服务层。

通信服务层：其基本功能是实现相邻计算机节点之间的点对点通信，主要由两个步骤构成。第一步，发送方把一定大小的数据块从内存发送到网卡上；第二步，网卡将数据以串行通信方式发送到物理通信线路上。在接收方则执行相反的过程。由于两个步骤对数据的处理方式不同，可进一步将通信服务层划分为物理层和数据链路层。

网络服务层：其基本功能是保证数据通过端到端方式正确传递。它由两部分组成，第一，建立、维护和管理端到端链路的功能；第二，进行路由选择的功能。而端到端通信链路的建立、维护和管理功能又可分为两个方面，一方面是与其下面网络层有关的链路建立管理功能；另一方面是与其上面端用户启动链路，并建立与使用链路通信的有关管理功能。因此根据这三部分功能，将网络服务层又划分为 3 个层次，即会话层、传输层和网络层。会话层处理端到端链路中与高层用户有关的问题；传输层处理端到端链路通信中错误的确认和恢复，以确保信息的可靠传递；网络层主要处理与实际链路连接过程有关的问题，以及路由选择的问题。

用户服务层：其基本功能主要是处理网络用户接口的应用请求和服务。由于高层用户接口要求支持多用户、多任务、多种应用功能，甚至用户是由不同机型、不同的操作系统组成的。由于应用环境的复杂性，因此，将用户服务层划分为两个层次，即应用层和表示层。应用层用来支持不同网络的具体应用服务；表示层用来实现为所有应用或多种应用都需要解决的某些共同的用户服务要求。

综上所述，将计算机网络体系结构划分为相对独立的 7 个层次：应用层、表示层、会话层、传输层、网络层、链路层和物理层。

2. 连接方式

网络层所提供的服务可分为两类：面向连接的网络服务（Connection Oriented Network Service，CONS）和无连接网络服务（Connection Less Network Service，CLNS）。

面向连接的网络服务又称为虚电路（Virtual Circuit，VC）服务，它是由网络连接的建立、数据传输和网络连接的释放 3 个阶段组成，是可靠的数据传输，其报文分组按顺序传输的方式进行传递，适用于长报文、会话型的传输要求。虚电路方式在数据发送前，需要在发送方和接收方之间建立一条逻辑连接的虚电路，它是将电路交换方式与报文交换方式结合起来的一种连接方式。

3. 协议与服务

通俗地讲，服务就是用户可以通过它做什么，协议就是让服务可以正常进行。在计算机网络中为了实现各种服务，就必须在计算机之间进行通信和对话。为了能让通信的双方能够正确理解、接受和执行，双方就要遵守相同的规定。

（1）协议的组成要素

如果两个人要进行交谈就采用双方都能听懂的语言以及可以接受的语速。在计算机网络通信中，通信双方在通信内容、如何通信以及何时通信方面要遵守相互可以接受的一组约定和规则，这些达成共识的约定和规则统称为协议。所以，协议是指通信双方必须遵守的控制信息交换的规则集合，其作用是控制并指导通信双方的对话过程，发现对话过程中出现的差错并确定对差错的处理策略。一般来说，协议由语法、语义、同步 3 个要素组成。

（2）服务

协议是控制两个对等双方（如双方的网络层）进行通信规则的集合。在协议的控制下，两个对等双方间（如双方的网络层）的通信使得本层能够向上一层（如双方的传输层）提供服务，而要实现本层协议，还需要使用下面一层（如双方的数据链路层）提供的服务。

（二）ISO/OSI 参考模型

自 20 世纪 70 年代起，国外主要计算机生产厂家陆续推出了各自的网络产品及自身的网络体系结构，互不兼容，属于专用的。为了使不同计算机厂家生产的计算机能够互相通信，以便在更大的范围内建立计算机网络，有必要建立一个国际范围的网络体系结构标准。

ISO 正式推荐了一个网络系统结构——七层参考模型，叫作开放系统互连参考模型（Open System Interconnection Reference Model，OSI/RM）。该标准模型的建立，使得各种计算机网络按其标准进行划分，进而极大地推动了计算机网络通信的发展。

OSI 参考模型将整个网络通信的功能划分为七个层次，又称为七层协议。它们由低到高分别是物理层、数据链路层、网络层、传输层、会话层、表示层和应用层。每层根据自身特点完成一定的功能，并直接为其上一层提供服务，所有七个层次都互相支持。其中，第四层到第七层主要面对用户，负责互操作性；第一层到第三层面对通信，负责两个网络设备间的物理连接。

1. 物理层

由于网络中传递的信息不论是文字、声音还是图像等都要转换成二进制比特流才能进行传递，因此物理层负责如何在计算机之间传递二进制比特流。

物理层是OSI参考模型七层协议的最底层，向下直接与物理传输介质相连接，向上对数据链路层提供服务。物理层协议是各种网络设备进行互联时必须遵守的底层协议。设立物理层的目的是实现两个网络物理设备之间的二进制比特流的透明传输，对数据链路层屏蔽物理传输介质的特性，以便对高层协议有最大的透明性。

2. 数据链路层

数据链路层是OSI参考模型的第二层，它介于物理层与网络层之间。物理层已经解决了二进制比特流在两点间的传递问题，但是物理层数据的传递会受周围环境的影响而使数据出现差错。设立数据链路层的主要目的是将一条原始的、有差错的物理线路变为对网络层而言是一条无差错的数据链路。

物理连接与数据链路连接的区别：数据链路连接是建立在物理层提供比特流传输服务的基础上；物理层传输的单位是二进制比特流，数据链路层使用物理层的服务来传输数据链路层协议数据单元——帧。帧类型可以分为两种，一种是控制帧，另一种是信息帧。控制帧用于数据链路的建立、数据链路维护与数据链路释放，以及信息帧发送过程中的流量控制与差错控制功能，进而保证信息帧在数据链路上的正确传输，从而完成OSI参考模型规定数据链路层基本功能的实现，为网络层提供可靠的节点——节点间帧传输服务。

3. 网络层

物理层协议与数据链路层协议都是相邻两个直接相连接节点间的通信协议，它不能解决数据经过通信子网中多个转接节点的通信问题。所以网络层的主要目的就是要为其传输单位——数据报，选择最佳路径通过通信子网到达目的主机，在此同时网络用户不必关心网络的拓扑结构类型以及传输中所使用的通信介质。

4. 传输层

在上述三层中主要解决信息的传递问题，数据链路层虽然可以发现传输过程中出现的错误，但它并不进行处理，只是将错误的帧丢弃；网络层在数据报的路由转接过程中，也会发生丢失和来不及处理而丢弃的问题，因此要实现不可靠线路上的可靠传输，这一问题必须解决。传输层就是负责错误的确认和恢复，以确保信息的可靠传递。在必要时，它对信息重新打包，把过长信息分成小包发送；而在接收方，把这些小包重构成初始的信息。

传输层是OSI参考模型中比较特殊的一层，同时也是整个网络体系结构中十分关键的一层。设置传输层的主要目的是在源主机进程之间提供可靠的端到端通信。

传输层主要关心的问题是建立、维护和中断虚电路，传输差错校验和恢复以及信息流量控制等。它提供面向连接和无连接两种服务。

5. 会话层

会话层是建立在传输层的基础之上，利用传输层提供的服务，使得两个会话层之间不考虑它们之间相隔多远、使用了什么样的通信子网等网络通信细节，进行透明的、可靠的数据传输。当两个应用进程进行相互通信时，希望有个作为第三者的进程能组织它们的通话，协调它们之间的数据流，以便应用进程专注于信息交互。设立会话层就是为了达到这个目的。从 OSI 参考模型来看，在会话层之上的各层是面向应用的，会话层之下的各层是面向网络通信的。会话层在两者之间起到连接的作用。

会话层与传输层有明显的区别。传输层协议负责建立和维护端到端之间的逻辑连接。传输服务比较简单，目的是提供一个可靠的传输服务。但是由于传输层所使用的通信子网类型很多，并且网络通信质量差异很大，这就造成了传输协议的复杂性。而会话层在发出一个会话协议数据单元时，传输层可以保证将它正确地传送到对等的会话实体，从这点看，会话协议得到了简化。但是为了达到为各种进程服务的目的，会话层定义的为数据交换用的各种服务是非常丰富和复杂的。

6. 表示层

表示层之下的五层是将数据从源主机传送到目的主机，而表示层则要保证这五层所传输的数据经传送后其表达意义不改变。

在计算机网络中，互相通信的应用进程需要传输的是信息的语义，它对通信过程中信息的传送语法并不关心。表示层的主要功能是通过一些编码规则定义在通信中传送这些信息所需要的语法。从 OSI 开展工作以来，表示层取得了一定的进展，ISO/IEC8882 与 8883 分别对面向连接的表示层服务和表示层协议规范进行了定义。

7. 应用层

应用层是最终用户应用程序访问网络服务的地方。它负责协调整个网络应用程序的运行工作。是最有含义的信息传送的一层。应用程序如电子邮件、数据库等都利用应用层传送信息。

应用层是 OSI 参考模型的最高层，它为用户的应用进程访问 OSI 环境提供服务。OSI 关心的主要是进程之间的通信行为，因而对抽象的应用进程只保留了应用进程与应用进程间交互行为的有关部分。

第二节 无线网络技术

一、无线网络的特点

相对于有线网络而言，无线网络具有安装便捷、使用灵活、利于扩展和经济节约等优点。具体特点可归纳以下几点。

（一）移动性强

无线网络摆脱了有线网络的束缚，可以在网络覆盖的范围内的任何位置上网。无线网络完全支持自由移动，持续连接，实现移动办公。

（二）带宽流量大

适合进行大量双向和多向多媒体信息传输。在速度方面，802.11b 的传输速度可提供可达 11Mb/s 数据速率，而标准 802.11g 无线网速提升五倍，其数据传输率将达到 54Mb/s，充分满足用户对网速的要求。

（三）有较高的安全性和较强的灵活性

由于采用直接序列扩频、跳频、跳时等一系列无线扩展频谱技术，使得其高度安全可靠；无线网络组网灵活，增加和减少移动主机相当轻易。

（四）维护成本低

无线网络尽管在搭建时投入成本高些，但后期维护方便，维护成本比有线网络低 50% 左右。

二、无线网络的分类

无线网络是无线设备之间以及无线设备与有线网络之间的一种网络结构。无线网络的发展可谓日新月异，新的标准和技术不断涌现。

（一）按覆盖范围分

由于覆盖范围的不同，无线网络可以分为 4 类：无线局域网、无线个域网、无线城域网和无线广域网。

1. 无线局域网

无线局域网（Wireless Local Area Network，WLAN）一般用于区域间的无线通信，其覆盖范围较小。代表技术是 IEEE 802.11 系列。数据传输速率为 11～56Mb/s，甚至更高。

2. 无线个域网

无线个域网（Wireless Personal Area Network，WPAN）的无线传输距离在 10m 左右，数据传输速率在 10Mb/s 以上。

3. 无线城域网

无线城域网（Wireless Metropolitan Area Network，WMAN）主要是通过移动电话或车载装置进行的移动数据通信，可以覆盖城市中大部分的地区。

4. 无线广域网

无线广域网（Wireless Wide Area Network，WWAN）主要是通过移动通信卫星进行数据通信的网络，其覆盖范围最大。

（二）按应用角度分

从无线网络的应用角度看，还可以划分为无线传感器网络、无线 Mesh 网络、无线穿戴网络、无线体域网等，这些网络一般是基于已有的无线网络技术，针对具体的应用而构建的无线网络。

1. 无线传感器网络

无线传感器网络（Wireless Sensor Network，WSN）是当前在国际上备受关注的、涉及多学科高度交叉、知识高度集成的前沿热点研究领域。它综合了传感器技术、嵌入式计算技术、现代网络及无线通信技术、分布式信息处理技术等，能够通过各类集成化的微型传感器协作地实时监测、感知和采集各种环境或监测对象的信息，这些信息通过无线方式被发送，并以自组多跳的网络方式传送到用户终端，从而实现物理世界、计算机世界以及人类社会三元世界的连通。

无线传感器网络以最低的成本和最大的灵活性，连接任何有通信需求的终端设备，采集数据，发送指令。若把无线传感器网络的各个传感器或执行单元设备视为“种子”，将一把“种子”（可能 100 粒，甚至上千粒）任意抛撒开，经过有限的“种植时间”，就可从某一粒“种子”那里得到其他任何“种子”的信息。作为无线自组双向通信网络，传感网络能以最大的灵活性自动完成不规则分布的各种传感器与控制节点的组网，同时具有一定的移动能力和动态调整能力。

2. 无线 Mesh 网络

无线 Mesh 网络（无线网状网络）也称为“多跳”网络，它是一种与传统无线网络完全不同的新型无线网络，是由无线 Ad Hoc 网络顺应人们无处不在的 Internet 接入需求演变而来。

在传统的无线局域网（WLAN）中，每个客户端均通过一条与AP相连的无线链路来访问网络，用户要想进行相互通信，必须首先访问一个固定的接入点（AP），这种网络结构被称为单跳网络。而在无线Mesh网络中，任何无线设备节点都可以同时作为AP和路由器，网络中的每个节点都可以发送和接收信号，每个节点都可以与一个或者多个对等节点进行直接通信。这种结构的最大好处在于：如果最近的AP由于流量过大而导致拥塞的话，那么数据可以自动重新路由到一个通信流量较小的邻近节点进行传输。以此类推，数据包还可以根据网络的情况，继续路由到与之最近的下一个节点进行传输，直到到达最终目的地为止。

实际上，Internet就是一个Mesh网络的典型例子。例如，当人们发送一份E-mail时，电子邮件并不是直接到达收件人的信箱中，而是通过路由器从一个服务器转发到另外一个服务器，最后经过多次路由转发才到达用户的信箱。在转发的过程中，路由器一般会选择效率最高的传输路径，以便使电子邮件能够尽快到达用户的信箱。因此，无线Mesh网络也被形象地称为无线版本的Internet。

与传统的交换式网络相比，无线Mesh网络去掉了节点之间的布线需求，但仍具有分布式网络所提供的冗余机制和重新路由功能。在无线Mesh网络里，如果要添加新的设备，只需要简单地接上电源就可以了，它可以自动进行配置，并确定最佳的多跳传输路径。添加或移动设备时，网络能够自动发现拓扑变化，并自动调整通信路由，可以获取最有效的传输路径。

3. 无线穿戴网络

无线穿戴网络是指基于短距离无线通信技术与可穿戴式计算机技术、穿戴在人体上、具有智能收集人体和周围环境信息的一种新型个域网（PAN）。可穿戴计算机为可穿戴网络提供核心计算技术，以蓝牙和ZigBee等短距离无线通信技术作为其底层传输手段，结合各自优势组建一个无线、高度灵活、自组织，甚至是隐蔽的微型PAN。可穿戴网络具有移动性、持续性和交互性等特点。

4. 无线体域网

无线体域网（BAN）是由依附于身体的各种传感器构成的网络。通过远程医疗监护系统提供及时现场护理（POC）服务，是提升健康护理手段的有效途径。在远程健康监护中，将BAN作为信息采集和及时现场护理（POC）的网络环境，可以取得良好的效果，赋予家庭网络以新的内涵。借助BAN，家庭网络可以为远程医疗监护系统及时有效地采集监护信息；可以对医疗监护信息预读，发现问题，直接通知家庭其他成员，达到及时救护的目的。

三、无线局域网的特点

（一）移动性和灵活性

WLAN 利用无线通信技术在空中传输数据，摆脱了有线局域网的地理位置束缚，用户可以在网络覆盖范围内的任何位置接入网络，并且可在移动过程中对网络进行不间断的访问，体现出极大的灵活性。目前的 WLAN 技术可以支持最远 50km 的传输距离和最高 90km/h 的移动速度，足以满足用户在网络覆盖区域内享受视频点播、远程教育、视频会议、网络游戏等一系列宽带信息服务。

（二）安装便捷

传统有线局域网的传输媒介主要是铜缆或光缆，布线、改线工程量大，通常需要破墙掘地、穿线架管，线路容易损坏，网中的各节点移动不方便。WLAN 的安装工作快速、简单，无须开挖沟槽和布线，并且组建、配置和维护都比较容易。通常，只需要安装一个或多个接入点设备，就可建立覆盖整个区域的局域网络。

（三）易于进行网络规划和调整

对于有线网络来说，办公地点或网络拓扑的改变通常意味着重新建网、布线，费时、费力且需要较大的资金投入。而无线网络设备可以随办公环境的变化而轻松转移和布置，有效提高了设备的利用率并保护用户的设备投资。

（四）故障定位容易、维护成本低

对于经常移动、增加和变更的动态环境来说，WLAN 的长远投资收益更加明显。在有线局域网中，由于线路连接不良而造成的网络中断往往很难查明，检修线路需要付出很大的代价。WLAN 则很容易定位故障，只需更换故障设备即可恢复网络连接。

（五）易于扩展

WLAN 可以以一种独立于有线网络的形式存在，在需要时可以随时建立临时网络，而不依赖有线骨干网。WLAN 组网灵活，可以满足具体的应用和安装需要。WLAN 比传统有线局域网提供更多可选的配置方式，既有适用于小数量用户的对等网络，也有适用于几千名移动用户的完整基础网络。在 WLAN 中增加或减少无线客户端都非常容易，通过增加无线 AP 就可以增大用户数量和覆盖范围，可以很快地从只有几个用户的小型局域网扩展到支持上千用户的大型网络，并且能够提供节点间“漫游”等有线局域网无法实现的特性。

（六）网络覆盖范围广

WLAN具体的通信距离和覆盖范围视所选用的天线不同而有所不同：定向天线可达到5～50km；室外的全向天线可覆盖15～20km的半径范围；室内全向天线可覆盖250m的半径范围。

四、无线传感器网络技术

（一）无线传感器网络概述

无线传感器网络（Wireless Sensor Network，WSN）是一门交叉性学科，涉及计算机、微机电系统、网络通信、信号处理、自动控制等诸多领域，集分布式信息采集、信息传输和信息处理于一体。它是由一组传感器以Ad Hoc（点对点）方式构成的无线网络，其目的是协作地感知、采集和处理网络覆盖的地理区域中感知对象的信息，并将这些信息发布给需要的用户。

无线传感器网络由许多个功能相同或者不同的无线传感器节点组成，它的基本组成单元是节点，这些节点集成了传感器、微处理器、无线接口和电源4个模块。无线传感器网络是由无线传感器节点、汇聚节点、传输网络和管理节点（远程监控中心）组成。因此，无线传感器网络也可以理解成由部署在监测区域内大量的廉价微型传感器节点组成，通过无线通信方式形成的一个多跳自组织网络。

大量传感器节点随机部署在监测区域内部或者附近，能够通过自组织方式构成网络。传感器节点对监测目标进行检测，获取的数据经本地简单处理后再通过邻近传感器节点采用多跳的方式传输到汇聚节点，最后通过传输网络到达管理节点，用户通过管理节点对传感器网络进行配置和管理。

汇聚节点处理能力、存储能力和通信能力相对来说比较强，它既可以是一个具有足够能量供给和更多内存资源与计算能力的增强型传感器节点，也可以是一个带有无线通信接口的特殊网管设备。汇聚节点是感知信息的接受者和应用者，从广义的角度来说，汇聚节点可以是人，也可以是计算机或其他设备。例如，军队指挥官可以是传感器网络的汇聚节点；一个由飞机携带的移动计算机也可以是传感器网络的汇聚节点。在一个传感器网络中，汇聚节点可以有一个或多个，一个汇聚节点也可以是多个传感器网络的用户。

汇聚节点有两种工作模式：一种是主动式，工作于该模式的汇聚节点周期性扫描网络和查询传感器节点从而获得相关的信息；另一种是响应式，工作于该模式的汇聚节点通常处于休眠状态，只有传感器节点发出的感兴趣事件或消息触发才开始工作，一般来说，响应式工作模式较为常用。

（二）无线传感器网络的特点

无线传感器网络作为一种新型的信息获取系统，具有极其广阔的应用前景。在民用领域，无线传感器网络可用于探测、空中交通管制、道路交通监视、工业生产自动化、分布式机器人、生态环境监测、住宅安全监测等方面；在军事领域，无线传感器网络主要应用于国土安全、战场监视、战场侦察、目标定位、目标识别、目标跟踪等方面。

1. 自组织性

在传感器网络应用中，通常传感器节点放置在没有基础结构设施的地方。通常网络所处物理环境及网络自身有很多不可预测因素，传感器节点的位置有时不能预先精确设定，节点之间的相互邻居关系预先也不知道，如通过飞机将传感器节点播撒到面积广阔的原始森林，或随意放置到人员不可到达或危险的区域。

由于传感器网络的所有节点的地位都是平等的，没有预先指定的中心，各节点通过分布式算法来相互协调。在无人值守的情况下，节点就能自动组织起一个探测网络。正因为没有中心，网络便不会因为单个节点的脱离而受到损害。

以上因素要求传感器节点具有自组织的能力，能够自动地进行配置和管理，通过拓扑控制机制和网络协议，自动形成转发监测数据的多跳无线网络系统。

在传感器网络的使用过程中，部分传感器节点由于能量耗尽或环境因素导致失效，也有一些节点为了弥补失效节点、增加监测精度而补充到网络中，这样在传感器网络中的节点个数就动态地减少或增加，从而使网络的拓扑结构随之动态变化。传感器网络的自组织性要适应这种网络拓扑结构的动态变化。

2. 以数据为中心

互联网是先有计算机终端系统，然后再互联成为网络，终端系统可以脱离网络独立存在。在因特网中网络设备是用网络中唯一的 IP 地址来标识，资源定位和信息传输依赖于终端、路由器和服务器等网络设备的 IP 地址。如果希望访问因特网中的资源，首先要知道存放资源的服务器 IP 地址，可以说因特网是一个以地址为中心的网络。

传感器网络是任务型的网络，脱离传感器网络谈论传感器节点是没有任何意义的。传感器网络中的节点采用节点编号标识，节点编号是否需要全网唯一，这取决于网络通信协议的设计。

由于传感器节点属于随机部署，构成的传感器网络与节点编号之间的关系是完全动态的，表现为节点编号与节点位置没有必然的联系。用户使用传感器网络查询事件时，直接将所关心的事件通告给网络，而不是通告给某个确定编号的节点。网络在获得指定事件的信息后汇报给用户。这种以数据本身作为查询或传输线索的思想，更接近于自然语言交流的习惯，因此说传感器网络是一个以数据为中心的网络。

无线传感器网络更关心数据本身，如时间、事件和区域范围等，并不关注是哪个节点采集的。例如，在目标跟踪的传感器网络中，跟踪目标可能出现在任何地方，对目标感兴趣的用户只关心目标出现的位置和时间，并不关心哪个节点监测到目标。事实上，在目标移动的过程中，必然是由不同的节点提供目标的位置信息。

3. 应用相关性

传感器网络用来感知客观物理世界，获取物理世界的信息量。客观世界的物理量多种多样，不可穷尽。不同的传感器网络应用关乎不同的物理量，因此，对传感器的应用系统也有多种多样的要求。

不同的应用背景对传感器网络的要求不同，它们的硬件平台、软件系统和网络协议会有所差别。因此，传感器网络不可能像因特网那样，存在统一的通信协议平台。不同的传感器网络应用虽然存在一些共性问题，但在开发传感器网络应用系统时，人们更关心传感器网络的差异。只有让具体系统更贴近于应用，才能符合用户的需求和兴趣点。针对每一个具体应用来研究传感器网络技术，这是传感器网络设计不同于传统网络的显著特征。

4. 动态性

由于传感器网络的节点处于变化的环境，它的状态也在相应地发生变化，加之无线通信信道的不稳定性，网络拓扑因而也在不断地调整变化，而这种变化方式是无人能准确预测出来的。这就要求传感器网络系统要能够适应这种变化，具有动态的系统可重构性。

5. 网络规模大

为了获取精确信息，在监测区域通常部署大量的传感器节点，传感器节点数量可能达到成千上万。传感器网络的大规模性包括两方面含义：一方面是传感器节点分布在很大的地理区域内，例如，在原始森林采用传感器网络进行森林防火和环境监测，需要部署大量的传感器节点；另一方面，传感器节点部署很密集，在一个面积不是很大的空间内，密集部署了大量的传感器节点，实现对目标的可靠探测、识别与跟踪。

传感器网络的大规模性具有如下优点：通过不同空间视角获得的信息具有更大的信噪比；分布式地处理大量的采集信息，能够提高监测的精确度，降低对单个节点传感器的精度要求；大量冗余节点的存在，使得系统具有很强的容错性能；大量节点能增大覆盖的监测区域，减少探测遗漏地点或者盲区。

6. 可靠性

传感器网络特别适合部署在恶劣环境或人员不能到达的区域，传感器节点可能工作在露天环境中，遭受太阳的暴晒或风吹雨淋，甚至遭到无关人员或动物的破坏。传感器节点往往采用随机部署方式，如通过飞机撒播或发射炮弹到指定区域进行部署。这些都要求传感器节点非常坚固，不易损坏，适应各种恶劣环境条件。

无线传感器网络通过无线电波进行数据传输，虽然省去了布线的烦恼，但是相对于有线网络，低带宽则成为它的天生缺陷。同时，信号之间还存在相互干扰，信号自身也在不断地衰减，网络通信的可靠性也是不容忽视的。

另外，由于监测区域环境的限制以及传感器节点数目巨大，不可能人工“照顾”到每个节点，网络的维护十分困难甚至不可维护。传感器网络的通信保密性和安全性也十分重要，防止监测数据被盗取和收到伪造的监测信息。因此，传感器网络的软硬件必须具有鲁棒性和容错性。

（三）无线传感器网络的关键技术

1. 无线传感器网络的路由协议

路由协议是无线传感器网络层的主要功能，设计有效的路由协议来提高通信连通性、降低能量消耗、延长网络生存时间成为无线传感器网络的核心问题之一。另外，路由协议的安全又是构建整个网络安全的重要和关键的一环，因此，设计高效和安全的无线传感器网络的路由协议始终是该领域的热点问题。

（1）无线传感器网络路由协议的分类

从具体应用的角度出发，根据不同应用对传感器网络各种特性的敏感度不同，将路由协议分为以下几种类型。

①能量感知路由协议。高效利用网络能量是传感器网络路由协议的一个显著特征，早期提出的一些传感器网络路由协议往往仅考虑了能量因素。为了强调高效利用能量的重要性，在此将它们划分为能量感知路由协议。能量感知路由协议从数据传输中的能量消耗出发，讨论最优能量消耗路径以及最长网络生存期等问题。

②基于查询的路由协议。在诸如环境检测、战场评估等应用中，需要不断查询传感器节点采集的数据，汇聚节点（查询节点）发出任务查询命令，传感器节点向查询节点报告采集的数据。在这类应用中，通信流量主要是查询节点和传感器节点之间的命令和数据传输，同时传感器节点的采样信息在传输路径上通常要进行数据融合，通过减少通信流量来节省能量。

③地理位置路由协议。在诸如目标跟踪类应用中，往往需要唤醒距离跟踪目标最近

的传感器节点，以得到关于目标的更精确位置等相关信息。在这类应用中，通常需要知道目的节点的精确或者大致地理位置，把节点的位置信息作为路由选择的依据，不仅能够完成节点路由功能，还可以降低系统专门维护路由协议的能耗。

④可靠的路由协议。无线传感器网络的某些应用对通信的服务质量有较高要求，如可靠性和实时性等。而在无线传感器网络中，链路的稳定性难以保证，通信信道质量比较低，拓扑变化比较频繁，要实现服务质量保证，需要设计相应的可靠的路由协议。

（2）无线传感器网络路由协议的特点

①能量优先。传统路由协议在选择最优路径时，很少考虑节点的能量消耗问题。而无线传感器网络中节点的能量有限，延长整个网络的生存期成为传感器网络路由协议设计的重要目标，因此，需要考虑节点的能量消耗以及网络能量均衡使用的问题。

②基于局部拓扑信息。无线传感器网络为了节省通信能量，通常采用多跳的通信模式，而节点有限的存储资源和计算资源，使得节点不能存储大量的路由信息，不能进行太复杂的路由计算。在节点只能获取局部拓扑信息和资源有限的情况下，如何实现简单高效的路由机制是无线传感器网络的一个基本问题。

③以数据为中心。传统的路由协议通常以地址作为节点的标识和路由的依据，而无线传感器网络中大量节点随机部署，所关注的是监测区域的感知数据，而不是具体哪个节点获取的信息，不依赖于全网唯一的标识。无线传感器网络通常包含多个传感器节点到少数汇聚节点的数据流，按照对感知数据的需求、数据通信模式和流向等，以数据为中心形成消息的转发路径。

④应用相关。无线传感器网络的应用环境千差万别，数据通信模式不同，没有一个路由机制适合所有的应用，这是无线传感器网络应用相关性的一个体现。设计者需要针对每一个具体应用的需求，设计与之适应的特定路由机制。

（3）无线传感器路由协议的性能指标

无线传感器网络的路由协议不同于传统无线网络的路由协议，由于应用行业和应用场所的差异，使网络的路由算法的采用和路由协议的设计也颇具特点。为了评价路由协议设计的优劣，可以使用性能衡量指标来进行描述。

无线传感器网络中路由协议的设计目标是：使用积极有效的能量管理技术来延长网络生命周期；提高路由的容错能力，形成可靠数据转发机制。评价一个无线传感器网络路由设计性能的好坏，一般包含网络生命周期、传输延迟、路径容错性、可扩展性等性能指标。

①网络生命周期。网络生命周期是指无线传感器网络从开始正常运行到出现一个节

点由于能量耗尽而退出网络所经历的时间。

②低延时性。低延时性是指网关节点发出数据请求到接收返回数据的时间延迟。

③鲁棒性。一个系统的鲁棒性是该系统在异常和危险情况下系统生存的能力；系统在一定的参数摄动下，维持性能稳定的能力。无线传感器网络中路由协议也应具有鲁棒性。具体地讲，就是路由算法应具备自适应性和容错性，在部分传感节点因为能源耗尽或环境干扰而失效，不应影响整个网络的正常运行。

④可扩展性。网络应该能够方便地进行规模扩展，传感器节点群的加入和退出都将导致网络规模的变动，优良的路由协议应该体现很好的扩展性。

2. 无线传感器网络的时间同步技术

无线传感器网络是一种新的分布式系统。节点之间相互独立并以无线方式通信，每个节点维护一个本地计时器，计时信号一般由廉价的晶体振荡器（简称晶振）提供。由于晶体振荡器制造工艺的差别，并且其在运行过程中易受到电压、温度以及晶体老化等多种偶然因素的影响，每个晶振的频率很难保持一致，进而导致网络中节点的计时速率总有偏差，造成了网络节点时间的失步。为了维护节点本地时间的一致性，必须进行时间同步操作。

3. 无线传感器网络的节点定位技术

节点定位机制是指依靠有限的位置已知节点，确定布设区中其他节点的位置，在传感器节点间建立起空间关系的机制。

与传统计算机网络相比，无线传感器网络在计算机软硬件所组成计算机世界与实际物理世界之间建立了更为紧密的联系，高密度的传感器节点通过近距离观测物理现象极大地提高了信息的“保真度”。在大多数情况下，只有结合位置信息，传感器获取的数据才有实际意义。以温度测量为例，如果不考虑原始数据产生的位置，我们只能将所有节点测得的数据进行平均，得出某个时刻监测区的平均温度；如果结合节点的位置信息，我们则可以绘制出温度等高线，在空间上分析网络布设区内的温度分布情况。对于目标定位与跟踪这一典型应用，现有的研究都将节点位置已知作为一个前提条件。

另外，许多对无线传感器网络协议的研究也都利用了节点的位置信息。在网络层，因为无线传感器网络节点无全局标志，可以设计基于节点位置信息的路由算法；在应用层，根据节点位置，无线传感器网络系统可以智能地选择一些特定的节点来完成任务，从而降低整个系统的能耗，提高系统的存活时间。

针对不同的无线传感器网络应用，节点定位难度不尽相同。对于军事应用，节点布设有可能采取空投的方式，导致节点位置随机性非常高，系统可用的外部支持也很少；

而在另外一些场合，节点布设可能相对容易，系统也可能有较多的外部支持。为了实现普适计算，国外研究了很多传感器定位系统。这样的系统一般由大量传感器以有线方式联网构成，系统的目标是确定某个区域内物体的位置。这些系统依赖于大量基础设施的支持，采用集中计算方式，不考虑节能要求。在机器人领域，也有很多关于机器人定位的研究，但这些算法一般不考虑计算复杂度及能量限制的问题。

4. 无线传感器网络的数据融合技术

由于大多数无线传感器网络应用都是由大量传感器节点构成的，共同完成信息收集、目标监视和感知环境的任务。因此，在信息采集的过程中，采用各个节点单独传输数据到汇聚节点的方法显然是不合适的。因为网络存在大量冗余信息，这样会浪费大量的通信带宽和宝贵的能量资源。此外，还会降低信息的收集效率，影响信息采集的及时性。

为避免上述问题，人们采用了一种称为数据融合（或称为数据汇聚）的技术。所谓数据融合是指将多份数据或信息进行处理，组合出更高效、更符合用户需求的数据的过程。在大多数无线传感器网络应用当中，许多时候只关心监测结果，并不需要收到大量原始数据，数据融合是处理该类问题的重要手段。

（1）数据融合的作用

在传感器网络中，数据融合起着十分重要的作用，主要表现在节省整个网络的能量、增强所收集数据的准确性以及提高收集数据的效率三个方面。

①节省能量。由于部署无线传感器网络时，考虑了整个网络的可靠性和监测信息的准确性（即保证一定的精度），需要进行节点的冗余配置。在这种冗余配置的情况下，监测区域周围的节点采集和报告的数据会非常接近或相似，即数据的冗余程度较高。如果把这些数据都发给汇聚节点，在已经满足数据精度的前提下，除了使网络消耗更多的能量外，汇聚节点并不能获得更多的信息。而采用数据融合技术，就能够保证在向汇聚节点发送数据之前，处理掉大量冗余的数据信息，从而节省了网内节点的能量资源。

②获取更准确的信息。传感器网络由大量低廉的传感器节点组成，部署在各种各样的环境中，从传感器节点获得的信息存在着较高的不可靠性。这些不可靠因素主要来自以下几个方面：第一，受到成本及体积的限制，节点配置的传感器精度一般较低。第二，无线通信的机制使得传送的数据更容易因受到干扰而遭破坏。第三，恶劣的工作环境除了影响数据传送外，还会破坏节点的功能部件，令其工作异常，报告错误的数据。

由此看来，仅收集少数几个分散的传感器节点的数据较难确保得到信息的正确性，需要通过对监测同一对象的多个传感器所采集的数据进行综合，来有效地提高所获得信息的精度和可信度。此外，由于邻近的传感器节点监测同一区域，其获得的信息之间差异性很小，如果个别节点报告了错误的或误差较大的信息，很容易在本地处理中通过简单的比较算法进行排除。

③提高数据收集效率。在网内进行数据融合，可以在一定程度上提高网络收集数据的整体效率。数据融合减少了需要传输的数据量，可以减轻网络的传输拥塞，降低数据的传输延迟；即使有效数据量并未减少，但通过对多个数据分组进行合并，减少了数据分组个数，可以减少传输中的冲突碰撞现象，也能提高无线信道的利用率。

（2）应用层的数据融合

无线传感器网络具有以数据为中心的特点，因此，应用层的设计需要考虑以下几点：第一，传感器网络可以实现多任务，应用层应该提供方便、灵活的查询提交手段。第二，应用层应当为用户提供一个屏蔽底层操作的用户接口，用户使用时无须改变原来的操作习惯，也不必关心数据是如何采集上来的。第三，由于节点通信代价高于节点本地计算的代价，应用层的数据形式应当有利于网内的计算处理，减少通信的数据量和减小能耗。

为满足上述要求，分布式数据库技术被应用于传感器网络的数据收集过程，应用层接口也采用类似 SQL（Structured Query Language）的风格。SQL 在多年的发展过程中，已经证明可以在基于内容的数据库系统中工作得很好。采用类 SQL 的语言，传感器网络可以获得以下好处：第一，对于用户需求的表达能力强，非常易于使用。第二，可以应用于任何数据类型的查询操作，能够对用户完全屏蔽底层的实现。第三，其表达形式非常易于通过网内处理进行查询优化；中间节点均理解数据请求，可以对接收到的数据和自己的数据进行本地运算，只提交运算结果。第四，便于在研究领域或工业领域进行标准化。

在应用层使用分布式数据库的技术，虽然带来了易用性以及较高的融合度等好处，但可能会损失一定的数据收集效率。虽然分布式数据库技术已经比较成熟，但针对传感器网络的应用场合，还有很多需要研究的地方。

（3）网络层的数据融合

从网络层来看，数据融合通常和路由的方式有关，例如，以地址为中心的路由方式（最短路径转发路由），路由并不需要考虑数据的融合。然而，以数据为中心的路由方式，源节点并不是各自寻找最短路径路由数据，而是需要在中间节点进行数据融合，然后再继续转发数据。

网络层的数据融合的关键就是数据融合树的构造。在无线传感器网络中，基站或汇聚节点收集数据时是通过反向组播树的形式从分散的传感器节点将数据逐步汇聚起来的。当各个传感器节点监测到突发事件时，传输数据的路径形成一棵反向组播树，这个树就称为数据融合树。

（四）无线传感器网络的应用

无线传感器网络由于其自身的特点，其应用前景非常广阔，能够广泛应用于军事、环境监测和预报、医疗健康监测、建筑物状态监控、智能家居、智能交通、空间探索、大型车间和仓库管理，以及机场、大型工业园区的安全监测等领域。随着传感器网络的深入研究和广泛应用，无线传感器网络将逐渐深入到人类生活的各个领域。

1. 军事领域

无线传感器网络具有可快速部署、可自组织、隐蔽性强和高容错性的特点，因此，非常适合在军事领域应用。利用传感器网络能够实现对敌军兵力和装备的监控、战场的实时监视、目标的定位、战场评估、核攻击和生物化学攻击的监测和搜索等功能。

通过飞机或炮弹直接将传感器节点播撒到敌方阵地内部，或者在公共隔离带部署传感器网络，就能够非常隐蔽而且近距离准确地收集战场信息，迅速获取有利于作战的信息。传感器网络是由大量的随机分布的节点组成的，即使一部分传感器节点被敌方破坏，剩下的节点依然能够自组织地形成网络。传感器网络可以通过分析采集到的数据，得到十分准确的目标定位，从而为火控和制导系统提供精确的制导。利用生物和化学传感器，可以准确地探测到生化武器的成分，及时提供情报信息，有利于正确防范和实施有效的反击。

2. 环境监测和预报系统

随着人们对于环境的日益关注，环境科学所涉及的范围越来越广泛。无线传感器网络在环境研究方面可用于监视农作物灌溉情况、土壤空气情况、牲畜和家禽的环境状况和大面积的地表监测等，可用于行星探测、气象和地理研究、洪水监测等，还可以通过跟踪鸟类、小型动物和昆虫进行种群复杂度的研究等。

基于无线传感器网络的 ALERT 系统中就有数种传感器用来监测降雨量、河水水位和土壤水分，并依此预测暴发山洪的可能性。类似的，无线传感器网络可实现对森林环境监测和火灾报告，传感器节点被随机密布在森林之中，平常状态下定期报告森林环境数据，当发生火灾时，这些传感器节点通过协同合作会在很短的时间内将火源的具体地点、火势的大小等信息传送给相关部门。

3. 医疗健康监测

利用传感器网络可高效传递必要的信息从而方便接受护理，而且可以减轻护理人员的负担，提高护理质量。利用传感器网络长时间地收集人的生理数据，可以加快研制新药品的过程，而安装在被监测对象身上的微型传感器也不会给人的正常生活带来太多的不便。此外，在药物管理等诸多方面，它也有新颖而独特的应用。总之，传感器网络为未来的远程医疗提供了更加方便、快捷的技术实现手段。

4. 建筑物状态监控

建筑物状态监控（Structure Health Monitoring，SHM）是利用无线传感器网络来监控建筑物的安全状态。由于建筑物不断修补，可能会存在一些安全隐患。虽然地壳偶尔的小震动可能不会带来看得见的损坏，但是也许会在支柱上产生潜在的裂缝，这个裂缝可能会在下一次地震中导致建筑物倒塌。用传统方法检查，往往要将大楼关闭数月。

5. 空间探测

通过向人类现在还无法到达或无法长期工作的太空外的其他天体上设置传感器网络接点的方法，可以实现对其长时间的监测。通过这些传感器发回的信息进行分析，可以知道这些天体的具体情况，为更好地了解、利用它们提供了一个有效的手段。

NASA 的空间探测设想，可以通过传感器网络探测、监视外星球表面情况，为人类登陆做准备，它通过火箭、太空舱或探路者进行散播。

6. 农业应用

农业是无线传感器网络使用的另一个重要领域。为了研究这种可能性，英特尔率先在俄勒冈州建立了第一个无线葡萄园。传感器被分布在葡萄园的每个角落，每隔一分钟检测一次土壤温度，以确保葡萄可以健康生长，进而获得大丰收。不久以后，研究人员将实施一种系统，用于监视每一传感器区域的湿度，或该地区有害物的数量。他们甚至计划在家畜上使用传感器，以便可以在巡逻时搜集必要信息。这些信息将有助于开展有效的灌溉和喷洒农药，进而降低成本和确保农场获得高收益。

第三节　计算机网络互联技术

一、网络互联的定义与目的

（一）网络互联的定义

随着计算机应用技术和通信技术的飞速发展，计算机网络得到了更为广泛的应用，各种网络技术丰富多彩，令人目不暇接。

网络互联是指将分布在不同地理位置的网络、设备相连接，以构成更大规模的互联网络系统，实现互联网络中的资源共享。互联的网络和设备可以是同种类型的网络、不同类型的网络，以及运行不同网络协议的设备与系统。

在互联网络中，每个网络中的网络资源都应成为互联网中的资源。互联网络资源的共享服务与物理网络结构是分离的。对于网络用户来说，互联网络结构对用户是透明的。互联网络应该屏蔽各子网在网络协议、服务类型与网络管理等方面的差异。

如果要实现网络互联，就必须做到以下几点：①在互联的网络之间提供链路，至少有物理线路和数据线路。②在不同的网络节点的进程之间提供适当的路由来交换数据。③提供网络记账服务，记录网络资源的使用情况。④提供各种互联服务，应尽可能不改变互联网的结构。

（二）网络互联的目的

第一，扩大资源共享的范围。使更多的资源可以被更多的用户共享。

第二，降低成本。当同一地区的多台主机需要接入另一地区的某个网络时，采用主机先行联网（局域网或者广域网），再通过网络互联技术接入，可以大大降低联网成本。

第三，提高安全性。将具有相同权限的用户主机组成一个网络，在网络互联设备上严格控制其他用户对该网络的访问，从而实现网络的安全机制。

第四，提高可靠性。部分设备的故障可能导致整个网络的瘫痪，而通过子网的划分可以有效地限制设备故障对网络的影响。

二、网络互联的类型

（一）局域网—局域网互联（LAN–LAN）

在实际的网络应用中，局域网—局域网互联是最常见的一种。局域网—局域网互联进一步可以分为两种，即同种局域网互联和异种局域网互联。

1. 同种局域网互联

同种局域网互联是指符合相同协议的局域网之间的互联。例如，两个以太网之间的互联，或者是两个令牌环网之间的互联。同种局域网之间的互联比较简单，使用网桥就可以将分散在不同地理位置的多个局域网互联起来。

2. 异种局域网互联

异种局域网互联是指不符合相同协议的局域网之间的互联。例如，一个以太网与一个令牌环网之间的互联，或者是以太网与 ATM 网络之间的互联。异种局域网之间的互联也可以用网桥来实现，但是网桥必须支持要互联的网络使用的协议。

以太网、令牌环网与令牌总线网都属于传统的共享介质局域网，ATM 网络与传统共享介质局域网在协议与实现技术上不同。因此，ATM 网络与传统局域网的互联必须解决局域网仿真问题。

（二）局域网—广域网互联（LAN-WAN）

局域网—广域网的互联也是常见的方式之一。局域网—广域网互联可以通过路由器（Router）或网关（Gateway）来实现。

（三）局域网—广域网—局域网互联（LAN-WAN-LAN）

两个分布在不同地理位置的局域网通过广域网实现互联，也是常见的互联类型之一。局域网—广域网—局域网互联结构可以通过路由器或网关来实现。

局域网—广域网—局域网互联结构正在改变传统接入模式，即主机通过广域网中的通信控制处理机（CCP）的传统接入模式。大量的主机通过局域网接入广域网是今后接入广域网的重要方法。

（四）广域网—广域网互联（WAN-WAN）

广域网—广域网互联也是目前常见的方式之一。广域网与广域网之间的互联可以通过路由器或网关实现，这样连入各个广域网的主机资源可以实现共享。

三、网络互联设备

网络互联设备是实现网络之间物理连接的中间设备。网络互联层次的不同所使用的网络互联设备也不同。

（一）中继器

基带信号沿线路传播时会产生衰减，所以，当需要传输较长的距离时，或者说需要将网络扩展到更大的范围时，就要采用中继器。中继器是OSI模型中的物理层的设备，是最简单的网络互联设备，它可以将局域网的一个网段和另一个网段连接起来，主要用于局域网—局域网互联，起到信号放大和延长信号传输距离的作用。

中继器的主要工作就是复制收到的比特流。当中继器的某个输入端输入“1”，输出端就立即复制、放大并输出“1”。收到的所有信号都被原样转发，并且延迟很小。中继器不能过滤网络流量，到达中继器一个端口的信号会发送到所有其他端口上。中继器不能识别数据的格式和内容，错误信号也会原样照发。中继器不能改变数据类型，即不能改变数据链路报头类型；不能连接不同的网络，如令牌环网和以太网。

中继器最典型的应用是连接两个以上的以太网电缆段，其目的是延长网络的长度。但延长是有限的，中继器只能在规定的信号延迟范围内进行有效的工作。根据“四中继器原则”，在网络上任何两台计算机之间不能安装超过4台中继器，这就是5-4-3-2-1规则或称为5-4-3原则，即网络可以被4台中继器分成5个部分，其中允许3个部分有主机，并且主机数目可达该网段规定的最大主机数。

中继器可以连接相同传输介质的同类局域网(例如,粗同轴电缆以太网之间的连接),也可以连接不同传输介质的同类局域网（例如，粗同轴电缆以太网与细同轴电缆以太网或粗同轴电缆以太网与双绞线以太网的连接）。

由于中继器在物理层实现互联，所以它对物理层以上各层协议（数据链路层到应用层）完全透明，中继器支持数据链路层及其以上各层的任何协议，也就是说，只有物理层以上各层协议完全相同才可以实现互联。

（二）网桥

当两个相同或不同的局域网互联要使用网桥。网桥是一种在数据链路层实现互联的存储转发设备，大多数网络结构上的差异体现在介质访问控制协议之中，因而网桥广泛用于局域网的互联。因而网桥的作用一般是互联多个局域网以组成更大的局域网。

1. 网桥的功能

（1）帧的接收与发送

从所连接的局域网端口中接收帧，从中获得目的站地址，分析目的站是否属于本网桥所连接的另一个局域网，以决定对该帧是转发还是丢弃。

（2）缓存管理

在网桥中通常设置两类缓冲区，一类是接收缓冲区，用于暂存从端口收到的、待处理的帧；另一类是发送缓冲区，用于暂存经协议转换等处理后待发的帧。存储空间要足够大，以适应峰值通信的需要。另外，当两个网络的数据传输率不同，也需要有缓存区来暂存数据，以协调不同的数据传输率。

（3）协议转换

网桥的协议转换功能仅限于 MAC 子层和物理层，即将源局域网中所采用的帧格式和物理层规程转换为目的局域网所采用的帧格式和物理层规程。也就是说，将网络 A 的帧格式中帧头的目的地址转换成网络 B 中帧的格式。当两个网络中定义的帧长度不同时，网桥还需要把长帧进行分段。

（4）路径选择

当一个网桥连接了多个网络时，网桥还需要有路径选择功能，即根据 MAC 地址判断走哪条路。在透明桥中有此功能，但在源路径桥中则无此功能。

（5）差错控制

首先进行差错检测，然后对经协议转换后的 MAC 帧生成新的 CRC 码，并填入新 MAC 帧的 CRC 字段。

2. 网桥的工作原理

网桥在局域网的互联中属于节点级的网络互联设备，它在数据链路层对帧进行存储转发。由于局域网的数据链路层分为 LLC 和 MAC 两个子层，所以网桥实际上是在 MAC 子层上实现不同网络的互联，这就要求互联的两个网络从应用层到逻辑链路控制子层，相对应的层次采用相同的协议，即为同构网络，而对数据链路层中的 MAC 子层和物理层这两层中的对应层次可遵循不同的协议。因此，网桥可以用于符合 IEEE 802 标准的局域网互联。

（三）集线器

集线器（Hub）最初的功能是把所有节点集中在以它为中心的节点上，有力地支持了星型拓扑结构，简化了网络的管理。

集线器工作在物理层，逐位复制某一个端口收到的信号，放大后输出到其他所有端口，从而使一组节点共享信号。集线器的功能主要有：信息转发、信号再生、减少网络故障。

集线器一般用在以下场合：①连接网络：计算机——网卡——集线器——网络；②网络扩充：集线器级连，扩充网络接口；③网络分区：不同办公室、楼层集中连接。

（四）交换机

交换机工作在 OSI 的数据链路层的 MAC 子层。在以太网交换机上有许多高速端口，这些端口分别连接不同的局域网网段或单台设备。以太网交换机负责在这些端口之间转发帧。“交换”和“交换机”最早起源于电话通信系统，由电话交换技术发展而来。

交换机属于数据链路层设备，可以识别数据包中的 MAC 地址信息，根据 MAC 地址进行转发，并将这些 MAC 地址与对应的端口记录在自己内部的一个地址表中。

（五）路由器

所谓路由就是指通过相互连接的网络把信息从源地点移动到目标地点的活动。一般来说，在路由过程中信息至少会经过一个或多个中间节点。通常人们会把路由和交换进行对比，这主要是因为在普通用户看来两者所实现的功能是完全一样的。其实，路由和交换之间的主要区别就是交换发生在 OSI 参考模型的第二层（数据链路层），而路由发生在第三层，即网络层。这一区别决定了路由和交换在移动信息的过程中需要使用不同的控制信息，所以两者实现各自功能的方式是不同的。

路由器用于连接多个逻辑上分开的网络，所谓逻辑网络是代表一个单独的网络或者一个子网。当数据从一个子网传输到另一个子网时，可通过路由器来完成。因此，路由器具有判断网络地址和选择路径的功能，它能在多网络互联环境中建立灵活的连接，可用完全不同的数据分组和介质访问方法连接各种子网，路由器只接受源站或其他路由器的信息，属于网络层的一种互联设备。它不关心各子网使用的硬件设备，但要求运行与网络层协议相一致的软件。路由器分本地路由器和远程路由器，其中本地路由器是用来连接网络传输介质的（如光纤、同轴电缆、双绞线）；远程路由器是用来连接远程传输介质，并要求相应的设备（如电话线要配调制解调器，无线要通过无线接收机、发射机）。

1. 路由器的基本功能

（1）路由选择

当分组从互联的网络到达路由器时，路由器能根据分组的目的地址按某种路由策略选择最佳路由将分组转发出去，并能随网络拓扑的变化而变化，自动调整路由表。

（2）多协议路由选择与协议转换

支持多种协议的路由器能为不同类型的协议建立和维护不同的路由表，连接运行不同协议的网络。路由器可以连接多个不同的网络。这些网络可以采用不同的拓扑结构和不同的协议体系。路由器要对所有连接的网络进行协议转换，才能实现网络之间数据的正确传输。由于路由器是网络层设备，所以可以对网络层及其以下各层进行协议转换。

（3）流量控制

路由器不仅具有缓冲区，而且还能控制收发双方的数据流量，使两者更加匹配。

（4）分段和组装

当多个网络通过路由器互联时，各网络传输的数据分组的大小可能不相同，这就需要对分组进行分段和组装。即路由器能将接收的大分组分段并封装成小分组后转发，或将接收的小分组组装成大分组后转发。如果路由器没有分段组装功能，那么整个互联网就只能按照所允许的某个最短分组进行传输，大大降低了其他网络的效能。

（5）网络管理与安全

路由器是多个网络的交汇点，网络间的信息流都要经过路由器，在路由器上可以进行信息流的监控和管理，完成数据过滤；路由器对于最终找不到目的 IP 地址的数据包的处理方式是直接丢弃，而不是进行广播，从而避免在网络内产生广播风暴。

2. 路由器的主要特点

由于路由器作用在网络层，因此，它比网桥具有更强的异种网互联能力、更好的隔离能力、更强的流量控制能力、更好的安全性和可管理可维护性，其主要特点如下。

路由器可以互联不同的 MAC 协议、不同的传输介质、不同的拓扑结构和不同的传输速率的异种网，它有很强的异种网互联能力。

路由器也是用于广域网互联的存储转发设备，它有很强的广域网互联能力，被广泛地应用于 LAN-WAN-LAN 的网络互联环境。

路由器具有流信控制、拥塞控制功能，能够对不同速率的网络进行速度匹配，以保证数据包的正确传输。

路由器互联不同的逻辑子网，每一个子网都是一个独立的广播域，因此，路由器不在子网之间转发广播信息，具有很强的隔离广播信息的能力。

路由器工作在网络层，它与网络层协议有关。多协议路由器可以支持多种网络层协议，转发多种网络层协议的数据包。

路由器检查网络层地址，转发网络层数据分组或包。因此，路由器可以基于 IP 地址进行包过滤，具有包过滤的初期防火墙功能。路由器分析进入的每一个包，并与网络管理员制定的一些过滤策略进行比较，凡符合允许转发条件的包被正常转发，否则丢弃。为了网络的安全，防止黑客攻击，网络管理员经常利用这个功能，拒绝一些网络站点对某些子网或站点的访问。路由器还可以过滤应用层的信息，限制某些子网或站点访问某些信息服务，如不允许某个子网访问远程登录。

对大型网络进行分段化，将分段后的网段用路由器连接起来。这样可以达到提高网络性能，提高网络带宽的目的，而且便于网络的管理和维护。这也是共享式网络为解决带宽问题所经常采用的方法。

路由器不仅可以在中、小型局域网中应用，也适合在广域网和大型、复杂的互联网环境中应用。

3. 路由器的分类

（1）按性能档次分

按路由器的性能档次分为高、中、低档，通常将吞吐量大于 40Gb/s 的路由器称为高档路由器，吞吐量在 25 ～ 40Gb/s 之间的路由器称为中档路由器，而将吞吐量低于 25Gb/s 的看作低档路由器。

（2）按结构分

从结构上分，可将路由器分为模块化路由器和非模块化路由器两种。模块化结构可以灵活地配置路由器，以适应企业不断增加的业务需求；非模块化路由器就只能提供固定的端口。一般而言，中高端路由器为模块化结构，低端路由器为非模块化结构。

（3）按功能分

①骨干级路由器。骨干级路由器实现企业级网络的互联。对它的要求是速度和可靠性，而代价则处于次要地位。硬件可靠性可以采用电话交换网中使用的技术，如热备份、双电源、双数据通路等来获得。这些技术对所有骨干级路由器而言差不多是标准的。

骨干 IP 路由器的主要性能瓶颈是在转发表中查找某个路由所耗的时间。当收到一个包时，输入端口在转发表中查找该包的目的地址以确定其目的端口，当包越短或者当包要发往许多目的端口时，势必增加路由查找的代价。因此，将一些常访问的目的端口放到缓存中能够提高路由查找的效率。不管是输入缓冲还是输出缓冲路由器，都存在路由查找的瓶颈问题。除了性能瓶颈问题，路由器的稳定性也是一个常被忽视的问题。

②企业级路由器。企业或校园级路由器连接许多终端系统，其主要目标是以尽量便宜的方法实现尽可能多的端点互联，并且进一步要求支持不同的服务质量。

路由器连接的网络系统因能够将机器分成多个碰撞域，因此，可以方便地控制一个网络的大小。此外，路由器还支持一定的服务等级，至少允许分成多个优先级别。但是路由器的每个端口造价要贵些，并且在能够使用之前要进行大量的配置工作。因此，企业路由器的成败就在于是否提供大量端口且每端口的造价很低，是否容易配置，是否支持 QoS。另外，还要求企业级路由器有效地支持广播和组播。企业网络还要处理历史遗留的各种 LAN 技术，支持多种协议，包括 IP、IPX 和 Vine。

③接入级路由器。接入级路由器连接家庭或 ISP 内的小型企业客户。接入级路由器已经开始不只是提供 SUP 或 PPP 连接，还支持诸如 PPTP 和 IPSec 等虚拟私有网络协议。这些协议要能在每个端口上运行。

（4）按性能分

从性能上划分，路由器可分为线速路由器以及非线速路由器。线速路由器完全可以按传输介质带宽进行通畅传输，基本上没有间断和延时。通常线速路由器是高端路由器，具有非常高的端口带宽和数据转发能力，能以媒体速率转发数据包。中低端路由器是非线速路由器，但是一些新的宽带接入路由器也有线速转发能力。

（5）按应用场合分

从应用场合划分，路由器可分为通用路由器与专用路由器。一般所说的路由器皆为通用路由器。专用路由器通常为实现某种特定功能对路由器接口、硬件等做专门优化。例如，接入服务器用作接入拨号用户，增强 PSTN 接口以及信令能力；VPN 路由器用于为远程 VPN 访问用户提供路由，它需要在隧道处理能力以及硬件加密等方面具备特定的能力；宽带接入路由器则强调接口带宽及种类。

（六）网关

网关又称为协议转换器。网关的基本功能是实现不同网络协议的互联，也就是说，网关是用于高层协议转换的网间接器。网关可以被描述为“不相同的网络系统互相连接时所用的设备或节点”。不同体系结构、不同协议之间在高层协议上的差异是非常大的。

网关依赖于用户的应用，是网络互联中最复杂的设备，没有通用的网关。而对于面向高层协议的网关来说，其目的就是试图解决网络中不同的高层协议之间的不同性问题，完全做到这一点是非常困难的。所以对网关来说，通常都是针对某些问题而言的。网关的构成是非常复杂的。综合来说，其主要的功能是进行报文格式转换、地址映射、网络协议转换和原语连接转换等。

按照网关的功能不同，大体可以将网关分为三大类：协议网关、应用网关和安全网关。

1. 协议网关

协议网关通常在使用不同协议的网络区域间做协议转换工作，这也是一般公认的网关的功能。例如，IPv4 数据由路由器封装在 IPv6 分组中，通过 IPv6 网络传递，到达目的路由器后解开封装，把还原的 IPv4 数据交给主机。这个功能是第三层协议的转换。又如，以太网与令牌环网的帧格式不同，要在两种不同网络之间传输数据，就需要对帧格式进行转换，这个功能就是第二层协议的转换。

协议转换器必须在数据链路层以上的所有协议层都运行，而且要对节点上使用这些协议层的进程透明。协议转换是一个软件密集型过程，必须考虑两个协议栈之间特定的相似性和不同之处。因此，协议网关的功能相当复杂。

2. 应用网关

应用网关是不同数据格式间翻译数据的系统。例如，E-mail 可以以多种格式实现，提供 E-mail 的服务器可能需要与多种格式的邮件服务器交互，因此，要求支持多个网关接口。

3. 安全网关

安全网关就是防火墙。一般认为，在网络层以上的网络互联使用的设备是网关，主要是因为网关具有协议转换的功能。但事实上，协议转换功能在 OSI/RM 的每一层几乎都有涉及。所以，网关的实际工作层次其实并非十分明确，正如很难给网关精确定义一样。

第四节 计算机网络接入技术

一、接入网的定义与特点

（一）接入网的定义

接入网（Access Network，AN）是指本地交换机与用户终端设备之间的实施网络，有时也称之为用户网（User Network，UN）或本地网（Local Network，LN）。接入网是由业务节点接口和相关用户网络接口之间的一系列传送实体组成的，为传送通信业务提供所需传送承载能力的实施系统，可经由Q3接口进行配置和管理。业务节点接口即SNI（Service Node Interface），用户网络接口即UNI（User Network Interface），传送实体是诸如线路设施和传递设施，可提供必要的传送承载能力，对用户信令是透明的，不作处理。

接入网处于通信网的末端，直接与用户连接，它包括本地交换机与用户端设备之间的所有实施设备与线路，它可以部分或全部替代传统的用户本地线路网，可含复用、交叉连接和传输功能。

（二）接入网的特点

第一，接入网主要完成复用、交叉连接和传输功能，一般不具备交换功能。它提供开放的V5标准接口，可实现与任何种类的交换设备的连接。

第二，接入网的业务需求种类繁多。接入网除接入交换业务外，还可接入数据业务、视频业务以及租用业务等。

第三，网络拓扑结构多样，组网能力强大。接入网的网络拓扑结构具有总线型、环型、单星型、双星型、链型、树型等多种形式，可以根据实际情况进行灵活多样的组网配置。

第四，业务量密度低，经济效益差。

第五，线路施工难度大，设备运行环境恶劣。

第六，网径大小不一，成本与用户有关。

二、光纤接入技术

光纤接入技术实际就是在接入网中全部或部分采用光纤传输介质，构成光纤用户环路FITL（fiber in the loop），实现用户高性能宽带接入的一种方案。

（一）光纤接入网的拓扑结构

1. 总线型

以光纤作为公共总线，各用户终端通过耦合器与总线直接连接构成总线型网络拓扑结构。其特点是：共享主干光纤、节省线路投资、互相间干扰小。其缺点是损耗积累、对主干的依赖性强等。这种方式适用于中等规模的用户群。

2. 星型

由光纤线路和端局内节点上的星型耦合器构成星状的结构称为星型网络拓扑结构。该结构无损耗积累，易于实现升级和扩充，各用户间相对独立，保密性好，业务适应性强；但所需光纤代价高、组网灵活性差、对中央节点的可靠性要求极高。适用于有选择性的用户。

3. 环型

环型结构的光纤接入网是所有节点共用一条光纤线路，首尾相连成封闭回路构成环型网络拓扑结构。其突出优点是可实现自愈，即网络可在较短时间内自动从失效故障中恢复业务；其缺点为单环挂接数量有限，多环又很复杂，且不符合分配型业务等。适用于大规模的用户群。

4. 树型

由光纤线路和节点构成的树状分级结构称为树型网络拓扑结构，是光纤接入网中使用最多的一种结构。采用多个分路器，将信号逐级分配，最高端级具有很强的控制和协调能力。适用于大规模的用户群。

（二）光纤接入网的分类

1. 按接入网能够承载的业务带宽来分

按接入网能够承载的业务带宽，可将OAN（光纤接入网）分为窄带OAN和宽带OAN两类。窄带和宽带的划分以2.048Mb/s速率为界线，速率低于2.048Mb/s的业务称为窄带业务，速率高于2.048Mb/s的业务为宽带业务。

2. 按接入网的室外传输设备是否含有有源设备来分

按接入网的室外传输设备是否含有有源设备，可将OAN分为无源光纤网络（PON）和有源光纤网络（AON）。

（1）无源光纤网络（PON）

在无源光纤网络中，用户侧的ONU设备通过无源节点（无源分光器）与局端相连接，PON技术的原理是利用光放大和分光耦合器的发射功能，使局端设备能同时与多个ONU设备通信，每个ONU可连接几个到几十个用户，从而实现用户接入的功能。

PON技术采用了无源的光器件，简化了设备的操作和维护。PON可以支持ISDN基群或同等速率的各类业务，并且可以实现宽带数据业务与CATV业务的共同传送。在PON技术中上下行信号可以采用不同的技术，如上行信号采用TDM技术，下行信号采用TDMA技术。目前无源光纤网络技术应用较为广泛，如视频点播VOD、广播电视等。

（2）有源光纤网（AON）

在有源光纤网络中，用户侧的ONU设备通过有源节点与局端相连接，网络的馈线段和配线段全部采用光纤媒质，ONU与局端设备既可以直接连接，也可以通过设备（分插复用器）转接。有源光纤网技术较为简单，容易实现。但由于网络中使用了有源设备，所以增加了设备维护和供电的问题。

两者的主要区别是分路方式不同，PON 采用无源光分光器，AON 采用分插复用器。PON 的主要特点是易于展开和扩容，维护费用较低，但对光器件的要求较高。AON 的主要特点是对光器件的要求不高，但在供电及远端电器件的运行维护和操作上有一些困难，并且网络的初期投资较大。

3. 按光网络单元在光接入网中所处的位置分

按光网络单元（ONU）在光接入网中所处的位置不同，可将 OAN 分为光纤到路边（Fiber To The Curb，FTTC）、光纤到楼（Fiber To The Building，FTTB）、光纤到办公室（Fiber To The Office，FTTO）、光纤到楼层（Fiber To The Floor，FTTF）、光纤到小区（Fiber To The Zone，FTTZ）、光纤到户（Fiber To The Home，FTTH）等几种类型。其中，FTTH 将是未来宽带接入网发展的最终形式。

（1）光纤到路边（FTTC）

FTTC 结构主要适用于点到点或点到多点的树型分支拓扑，多为居民住宅用户和小型企事业用户使用，是一种光缆 / 铜缆混合系统。

（2）光纤到楼（FTTB）

FTTB 可以看作是 FTTC 的一种变形，最后一段接到用户终端的部分要用多对双绞线。FTTB 是一种点到多点结构，光纤敷设到楼，因而更适于高密度用户区，也更接近于长远发展目标，FTTF 与它类似。

（3）光纤到户（FTTH）

在 FTTB 的基础上 ONU 进一步向用户端延伸，进入到用户家即为 FTTH 结构。FTTO 与它同类，两者都是一种全光纤连接网络，即从本地交换机一直到用户全部为光缆连接，中间没有任何铜缆，也没有有源电子设备，是真正全透明网络，也是用户接入网发展的长远目标。

三、铜线接入技术

铜线接入技术的发展表现在频段的开发利用和接入技术的演进。最初，铜线只提供传统电话业务，带宽 0 ～ 4kHz；而后的 PSTN 拨号业务，使用话带 Modem 技术传输数据，采用话带频段，速率达到 56kb/s；而 ISDN 技术，采用时分复用实现数据和话音同传，将速率提高到 144kb/s；xDSL 技术的工作频段大多在话带频带之外，数据和话音同传，ADSL 的最大下行速率为 8Mb/s，VDSL 的下行速率可提高到 52Mb/s。

（一）拨号接入方式

1.PSTN 接入技术

公用电话交换网(Public Switched Telephone Network，PSTN)也被称为“电话网”，是人们打电话时所依赖的传输和交换网络。PSTN 是一种以模拟技术为基础的电路交换网络，通过 PSTN 进行互联所要求的通信费用最低，但其数据传输质量及传输速率也最差最低，同时 PSTN 的网络资源利用率也比较低。

PSTN 提供的是一个模拟的专用信息通道，通道之间经由若干个电话交换机节点连接而成，PSTN 采用电路交换技术实现网络节点之间的信息交换。当两个主机或路由器设备需要通过 PSTN 连接时，在两端的网络接入点（即用户端）必须使用调制解调器来实现信号的调制与解调转换。

从 OSI/ISO 参考模型的角度来看，PSTN 可以看成是物理层的一个简单的延伸，它没有向用户提供流量控制、差错控制等服务。而且，由于 PSTN 是一种电路交换的方式，因此，一条通路自建立、传输直至释放，即使它们之间并没有任何数据需要传送时，其全部带宽仅能被通路两端的设备占用。因此，这种电路交换的方式不能实现对网络带宽的充分利用。尽管 PSTN 在进行数据传输时存在一定的缺陷，但它仍是种不可替代的联网技术。

PSTN 的入网方式比较简单灵活，通常有以下几种选择方式。

（1）通过普通拨号电话线入网

只要在通信双方原有的电话线上拼接 Modem，再将 Modem 与相应的入网设备相连即可。目前，大多数入网设备（如 PC）都提供有若干个串行端口，在串行口和 Modem 之间采用 RS-232 等串行接口规范进行通信。

Modem 的数据传输速率最大能够提供到 56kb/s 这种连接方式的费用比较经济，收费价格与普通电话的费用相同，适用于通信不太频繁的场合（如家庭用户入网）。

（2）通过租用电话专线入网

与普通拨号电话线方式相比，租用电话专线可以提供更高的通信速率和数据传输质量，但相应的费用比前一种方式高。使用专线的接入方式与使用普通拨号线的接入方式没有太大区别，但是省去了拨号连接的过程。通常，当决定使用专线方式时，用户必须向所在地的电信部门提出申请，由电信部门负责架设和开通。

2.ISDN 接入技术

综合业务数字网（Integrated Service Digital Network，ISDN）俗称“一线通”，是普通电话(模拟Modem)拨号接入和宽带接入之间的过渡方式。目前在我国只提供N-ISDN（窄带综合业务数字网）接入业务，而基于 ATM 技术的 B-ISDN（宽带综合业务数字网）

尚未开通。

ISDN 接入 Internet 与使用 Modem 普通电话拨号方式类似，也有一个拨号的过程。不同的是，它不用 Modem 而是用另一设备 ISDN 适配器来拨号，另外，普通电话拨号在线路上传输模拟信号，有一个 Modem“调制”和“解调”的过程，而 ISDN 的传输是纯数字过程，通信质量较高，其数据传输比特误码率比传统电话线路至少改善十倍，此外，它的连接速度快，一般只需几秒钟即可拨通。

（二）xDSL 接入技术

DSL 是数字用户线（Digital Subscriber Line）的缩写。xDSL 是在普通电话线上实现数字传输的一系列技术的统称。它使用数字技术对现有的模拟电话用户线进行改造，使其能够承载宽带业务。

由于模拟电话用户线本身实际可通过的信号频率超过 1Mb/s，而标准的模拟电话信号的频带被限制在 300 ～ 3400Hz 内。因此，xDSL 技术把 0 ～ 4kHz 低端频谱留给传统电话使用，而把原来没有被利用的高端频谱留给用户上网使用。前缀 x 表示是在数字用户线上实现的宽带方案。

1.ADSL 接入技术

ADSL（Asymmetric Digital Subscriber Line，非对称数字用户线）是 xDSL 技术中最标准、最成熟、市场响应最积极的技术。目前国内的网络运营商大都采用 ADSL 接入技术，ADSL 是一种在无中继的用户环路上，使用由负载电线提供高速数字接入的传输技术，是非对称 DSL 技术的一种，它可在现有电话线上提供高达 8Mb/s 的下行速率和 1Mb/s 的上行速率，有效传输距离为 3 ～ 5.5km，误码率低。ADSL 能够充分利用现有电话网络，只要在线路两端加装 ADSL 设备即可为用户提供高速宽带服务，ADSL 技术为家庭和小型业务提供了宽带、高速接入 Internet 的方式，是一种便宜的宽带网接入方式，它克服了传统用户在“最后一公里”的瓶颈。

ADSL 可以在普通电话线上提供三种通道：最低频段部分为 0 ～ 4kHz 的话音通道，用于普通电话业务；中间频段部分为 20 ～ 50kHz 的上行通道，可传输速率为 6 ～ 640kb/s 的上行数据；最高频段部分为 50 ～ 550kHz 或 1MHz 的下行通道，可传输 5 ～ 8Mb/s 的下行数据。即在现有电话线上，既可以快速接入 Internet，也可以打电话、发传真，通话质量与 Internet 接入速度互不影响。这一点与一线通相似，但比 ISDN 速率更高。有关 ADSL 的标准，现在比较成熟的有 G.DMT 和 G.Lite。一个基本的 ADSL 系统由局端收发机和用户端收发机两部分组成，收发机实际上是一种高速调制解调器（ADSL Modem），由其产生上下行的不同速率。

ADSL 技术在传输语音的同时还可以 8Mb/s 的下行速率和 640kb/s 的上行速率进行通信，非常适合 Internet 的接入，用途十分广泛。对于商业用户来说，可组建局域网共享 ADSL 上网，还可以实现远程办公、家庭办公等高速数据应用，获取高速低价的极高性价比。对于公益事业来说，ADSL 可以实现高速远程医疗、教学、视频会议的即时传送，达到以前所不能及的效果。

2.HDSL 接入技术

HDSL（High-speed Digital Subscriber Line，高速数字用户线）是在无中继的用户环路上使用电话线提供高速数字接入的传输技术，典型速率为 3Mb/s，以实现高速双向传输。HDSL 能在现有普通电话双绞铜线（两对或三对）上全双工传输 2Mb/s 数字信号，无中继传输距离 3 ～ 5.5km。

HDSL 是一种对称式高速数字用户技术，上、下行速率相等。它利用两对双绞线进行数字传输。一对线时，速率达 784 ～ 1040kb/s；两对线时，达 T1（1.544Mb/s）或 E1（2.048Mb/s）速率。HDSL 具有双向传输、无中继运行、无须选择线对、误码率低等特点。HDSL 广泛用于移动通信基站中继、无线寻呼中继、视频会议及局域网互联等业务中。

3.VDSL 接入技术

VDSL（Very-high-bit-rate Digital Subscriber Line，甚高速数字用户线）是在 ADSL 基础上发展起来的高速数字用户线技术。它可在不超过 300m 的短距离双绞铜线上传输比 ADSL 更高速的数据。VDSL 技术是最先进的数字用户线技术，它也是一种非对称技术，上行速率为 1.6 ～ 2.3Mb/s，下行速率为 12.96 ～ 55.2Mb/s，最高可达 155Mb/s（HDTV 信号速率）。

VDSL 采用前向纠错编码技术进行传输差错控制，并使用交换技术纠正由于脉冲噪声产生的突发误码。VDSL 采用的调制解调方式是 DMT（离散多音频调制）。与 ADSL 相比，VDSL 传输速率更高，码间干扰小，数字信号处理技术简单，成本低。它可与光纤到路边（FTTC）技术相结合，实现宽带综合接入。

4.SDSL 接入技术

SDSL（Single-line Digital Subscriber Line，单线路数字用户线）是对称技术，与 HDSL 的区别在于只使用一对铜线。SDSL 可支持 1Mb/s 左右的上、下行速率的应用。该技术现在已可提供，在双线电路中运行良好。

5.RADSL 接入技术

RADSL（Rate-Adaptive Digital Subscriber Line，速率自适应数字用户线）提

供的速率范围基本与 ADSL 的相同，也是一种不对称数字用户线技术。与 ADSL 的区别在于 RADSL 的速率可以根据传输距离动态自适应，可以供用户灵活地选择传输服务。

6.IDSL 接入技术

IDSL（ISDN Digital Subscriber Line，ISDN 数字用户线）是一种基于 ISDN 的数字用户线，也可以认为是 ISDN 技术的一种扩充，它用于为用户提供基本速率（144kb/s）的 ISDN 业务，但其传输距离可达 5km。

四、光纤同轴电缆混合接入技术

为了解决终端用户接入 Internet 速率较低的问题，人们一方面通过 xDSL 技术充分提高电话线路的传输速率，另一方面尝试利用覆盖范围广、最具潜力、带宽高的有线电视网（CATV），CATV 是由广电部门规划设计的用来传输电视信号的网络。

从用户数量看，我国已拥有世界上最大的有线电视网，其覆盖率高于电话网。充分利用这一资源，改造原有线路，变单向信道为双向信道以实现高速接入 Internet 的思想推动了光纤同轴电缆混合接入技术的出现和发展。

（一）光纤同轴电缆混合接入技术概述

光纤同轴电缆混合网（Hybrid Fiber Coaxial，HFC）是一种新型的宽带网络，也可以说是有线电视网的延伸。它采用光纤从交换局到服务区，而在进入用户的“最后一公里”采用有线电视网同轴电缆。它可以提供电视广播（模拟及数字电视）、影视点播、数据通信、电信服务（电话、传真等）、电子商贸、远程教学与医疗以及丰富的增值服务（如电子邮件、电子图书馆）等。

HFC 接入技术是以有线电视网为基础，采用模拟频分复用技术，综合应用模拟和数字传输技术、射频技术和计算机技术所产生的一种宽带接入网技术。以这种方式接入 Internet 可以实现 10 ～ 40Mb/s 的带宽，用户可享受的平均速度是 200 ～ 500kb/s，最快可达 1.5Mb/s，用它可以非常舒心地享受宽带多媒体业务，并且可以绑定独立 IP。

HFC 支持双向信息的传输，因而其可用频带划分为上行频带和下行频带。所谓上行频带是指信息由用户终端传输到局端设备所需占用的频带；下行频带是指信息由局端设备传输到用户端设备所需占用的频带。各国对 HFC 频谱配置还未取得完全的统一。

（二）HFC 接入系统及入网特点分析

1.HFC 接入系统

HFC 网络中传输的信号是射频信号 RF（Radio Frequency），即一种高频交流变化电磁波信号，类似于电视信号，在有线电视网上传送。整个 HFC 接入系统由三部分组成，即前端系统、HFC 接入网和用户终端系统。

（1）前端系统

有线电视有一个重要的组成部分——前端，如常见的有线电视基站，它用于接收、处理和控制信号，包括模拟信号和数字信号，完成信号调制与混合，并将混合信号传输到光纤。其中，处理数字信号的主要设备之一就是电缆调制解调器终端系统（Cable Modem Terminal System，CMTS），它包括分复接与接口转换、调制器和解调器。

（2）HFC 接入网

HFC 接入网是前端系统和用户终端之间的连接部分，它由馈线网、配线网和引入线三部分组成。

①馈线网。馈线网（即干线）是前端到服务区光节点之间的部分，为星型拓扑结构。它与有线电视网不同的是采用一根单模光纤代替了传统的干线电缆和有源干线放大器，传输上下行信号更快、质量更高、带宽更宽。

②配线网。配线网是服务区光节点到分支点之间的部分，采用同轴电缆，并配以干线 / 桥接放大器，为树型结构，覆盖范围可达 5 ～ 10km，这一部分非常重要，其好坏往往决定了整个 HFC 网的业务量和业务类型。

③引入线。引入线是分支点到用户之间的部分，其中一个重要的元器件为分支器，它作为配线网和引入线的分界点，是信号分路器和方向耦合器结合的无源器件，用于将配线的信号分配给每一个用户，一般每隔 40 ～ 50m 就有一个分支器。引入线负责将分支器的信号引入到用户，使用复合双绞线的连体电缆（软电缆）作为物理媒介，与配线网的同轴电缆不同。

（3）用户终端系统

用户终端系统是指以电缆调制解调器（Cable Modem）为代表的用户室内终端设备连接系统。Cable Modem 是一种将数据终端设备连接到 HFC 网，以使用户能和 CMTS 进行数据通信，访问 Internet 等信息资源的连接设备。它主要用于有线电视网进行数据传输，它彻底解决了由于声音图像的传输而引起的阻塞，传输速率高。

Cable Modem 工作在物理层和数据链路层，其主要功能是将数字信号调制到模拟射频信号以及将模拟射频信号中的数字信息解调出来供计算机处理。此外，Cable Modem 还提供标准的以太网接口，部分完成网桥、路由器、网卡和集线器的功能。CMTS 与 Cable Modem 之间的通信是点到多点、全双工的，这与普通 Modem 的点到点通信和以太网的共享总线通信方式不同。

2.HFC 的入网特点

HFC 接入网可传输多种业务，具有较为广阔的应用领域，尤其是在绝大多数用户终端均为模拟设备（如电视机）时，与 HFC 的传输方式能够较好地兼容。

（1）传输频带较宽

HFC 具有双绞铜线无法比拟的传输带宽，它的分配网络的主干部分采用光纤，其间可以用光分路器将光信号分配到各个服务区，在光节点处完成光 / 电变换，再用同轴电缆将信号分送到各用户家中，这种方式兼顾到提供宽带业务所需带宽及节省建立网络开支两个方面的因素。

（2）与用户设备兼容

HFC 网的最后一段是同轴网，它本身就是一个 CATV 网，因而视频信号可以直接进入用户的电视机，以保证现在大量的模拟终端可以使用。

（3）支持宽带业务

HFC 网支持全部现有的和发展的窄带及宽带业务，可以很方便地将语音、高速数据及视频信号经调制后送出，从而提供了简单的、能直接过渡到 FTTH 的演变方式。

（4）成本较低

HFC 网的建设可以在原有网络基础上改造，根据各类业务的需求逐渐将网络升级。例如，若想在原有 CATV 业务基础上，增设电话业务，只需安装一个设备前端，以分离 CATV 和电话信号，而且何时需要何时安装，十分方便与简洁。

第四章 计算机安全的主要防护技术

第一节 数据安全技术

一、数据库简介

（一）数据库

数据库是一个长期存储在计算机内的、有组织的、可共享的、统一管理的大量数据的集合。数据库始终处于计算机系统内，其中的信息具有共享性。数据库的建立基于一定的数据结构，其中的数据无论怎么增加都会按照一个科学的方式排布，以保证其应有的特性，如冗余信息量低、信息与程序间的传输便捷、新的信息易于添加等。这也使得数据库具有自行优化的特点，会根据信息的多寡自行调整结构，以始终维持原有功能。

（二）数据库系统

数据库系统（Database System，DBS）除了在大多数情况下单纯指数据库以外，还包括连带数据库的整个计算机系统，其组成部分具体如下。①数据库。②相关的计算机系统以及提供数据支持的其他计算机硬件系统。③所有与数据库相关的软件，包括操作软件；所有与数据库相关的工作人员，包括管理员、安全员和其他的工作人员。

数据库系统不仅肩负着信息存储的任务，还负责为计算机系统中的其他程序提供必要的信息，同时具备信息存储、处理以及管理的三重特点，具有管理功能，需要根据不同程序的需求向其输送所需要的信息。

（三）数据库管理系统

数据库管理系统（Database Management System，DBMS）是帮助用户操作数据库系统的管理程序，包括翻译系统和运行系统，其特征主要表现在以下几个方面：①能够通过正确的编译将指令翻译为可识别语言，从而保证系统的可操作性。②能够将用户的指令如实传达给数据库系统，通过调整保护数据库中信息的正确与完整。③对于外在的破坏具有一定程度的抵抗力，能够根据指令随时反馈数据库中的信息。④具有识别用户是否具有访问权限与用户身份认证的功能，能够有效地保证数据库的私密性与安全性。

二、数据库安全的重要性

数据库是电子商务、电子政务、金融以及企业资源计划系统（Enterprise Resource Planning，ERP）的基础，其安全的重要性主要体现在以下几个方面。

（一）保护敏感信息和数据资产

很多企业、组织以及政府部门会将电子数据保存在数据库中，其中不乏一些私密性较强的数据，如员工身份证号码、医疗信息以及薪资信息等。数据库还掌握着敏感的金融数据，如交易记录、商业事务和账号数据，战略上的或者专业的信息，如专利和工程数据，甚至市场计划等。这些数据都应该保护起来，防止竞争者和其他非法者获取。

（二）数据库漏洞威胁操作系统和其他可信系统的安全

数据库的安全非常重要，甚至可以说关乎整个计算机网络系统的安全。针对数据库的攻击有很多，如果不能对数据库进行有效防护，那么计算机网络安全根本得不到保障。例如，数据库中大多存储着计算机系统中所用程序的操作手册等，如果只设置一道防火墙，那么不法分子可以通过很简单的方式设置好陷阱等待用户自行触发，从而进入数据库获取用户计算机系统中的数据。若是用户不重视数据库安全，即使运行在一个非常安全的操作系统上，入侵者只需要执行一些内置在数据库中的扩展存储程序，就可以获得操作系统权限。这些存储程序能提供一些执行操作系统命令的接口，还能访问所有的系统资源，如果这个数据库服务器还同其他服务器建立着信任关系，就会对整个域设备的安全产生严重威胁。

（三）数据库是电子商务、ERP 系统和其他重要的商业系统的基础

随着网络的发展，许多电子交易和电子商务的焦点都集中到了 Web 服务和其他新的技术上，这样一来，对于以关系数据库为基础的客户系统和 B2B（Business To Business）系统而言，数据库的安全就显得尤为重要了，将直接关系到系统的可靠性、数据事务的完整性和保密性。可以说，数据库是电子商务、ERP 系统和其他重要的商业系统的基础。数据库保存着商业伙伴和用户的重要信息。一旦数据库系统出现问题，所有商业伙伴和用户的信息将不再保密。就目前的状况来看，数据完整性和合法存取会受到来自很多方面的威胁，包括密码策略、系统后门、数据库操作以及数据库本身的安全策略。

三、数据库安全需求

对于数据库管理员来说，数据库的安全需求包括数据库系统的内部安全性和外部安

全性。

（一）内部安全性

所谓内部安全性，指的是用户在访问计算机中本地内容时，对访问的数据以及数据库本身安全的需求。为了做好这一安全工作，数据库管理员需要注意以下两个方面。

1. 数据库文件

为了维护数据库文件的安全，数据库管理员必须对能够接触到这部分数据的人的数量进行限制。在用户访问前针对其身份的审核要足够严格，要保证只有被授权的访问者才能接触到这部分信息。

2. 日志文件

对于计算机更新日志的保护非常重要，如果有非授权者浏览了系统的更新日志，就能很轻易地从中了解到计算机的过往信息，包括用户的登录信息等。因此，数据库管理员应严格控制授权人员，同时加强对计算机更新日志的保护。

（二）外部安全性

与内部安全性相对的自然是外部安全性，内部安全性是对计算机本地访问安全性的需求，而外部访问是使用计算机连接网络时对计算机安全性的需求。网络访问安全涉及的问题很多，严格来讲本书全都是围绕着网络安全进行论述的，因此此处不做赘述，只将其列举出来与数据库内部安全性相对应。

四、数据库安全机制

数据库系统的安全与计算机系统的安全密不可分，在计算机系统中，通常安全措施是通过层级的方式设在计算机系统安全模型中，首先对进入计算机系统的用户进行身份合法性的验证，进入计算机系统进行访问的用户必须是通过身份验证的用户。对于进入系统的合法用户，数据库管理系统还要进行存取控制，具有相应访问权限的用户才可以访问相应数据。对于存储在数据库中的信息，可以通过存储密文的方式来保证信息的机密性。

对于数据库系统而言，常见的数据库安全机制如下。

（一）标识与认证

某一用户在获得系统访问的权限之前，其第一步工作是标识自己，之后系统还需要认证该用户的身份。标识是指用户告诉系统自己的身份证明，向系统输入自己的 ID 和密码是其中最常用的方法，而认证是指用户让系统验证自己的身份。将用户 ID 与进程或程序相联系是标识的过程，而将用户 ID 与真正的合法用户相关联是认证的过程。用户在访问数据库管理系统的第一步就是标识与认证，它使得数据库管理系统具备了运用审计机制来记录用户行为的能力。性能高效全面的标识与认证机制也是访问控制机制在数据库中得以完全实施的基础。近年来，以生物认证、智能卡验证以及口令验证为代表的认证技术发展速度非常快。

（二）访问控制

访问控制的过程是指当主体发出对客体的访问请求时，系统通过判断主体的标识符、特权和安全级与客体的安全级、访问权限和存取访问规则，来决定能否执行主体对客体请求的存取访问方式的访问。

具体而言，访问控制有三种类型：强制访问控制（MAC）、自主访问控制（DAC）、基于角色的访问控制（RBAC）。

1. 强制访问控制

在这种方式中，不同的数据库对象拥有不同的密级，不同的用户拥有不同级别的许可证。MAC 通过让不同的用户拥有不同的合法许可证来控制对数据库的访问，相对来说比较严格。

2. 自主访问控制

这种方式通过授予不同用户对不同对象不同的访问权限来实现对用户的访问控制，拥有存取权限的用户还可以将权限赋予其他用户。这种方式是面向单个用户的，相对来说非常灵活。

3. 基于角色的访问控制

角色、用户、操作、权限和对象是 RBAC 包含的五个基本属性。把权限分配给角色，用户要想取得相应的权限就必须先成为与其相应的角色的成员。它只给该角色分配该角色要完成该操作的所必须权限的最小范围。一个用户也能够在同一时刻分给几个不同的角色。RBAC 最主要的特点是它的存取策略是中立的，既可以实行 DAC 又可以实行 MAC。RBAC 的策略无关性就需要用户根据自己需求定义出自己所需要的、合适的安全策略，但多个角色与访问权限之间的相互联系是一项十分繁杂的任务。

（三）数据加密

由于数据库中存储的往往都是明文信息，一旦攻击者利用操作系统或数据库漏洞获得了数据库中的数据文件，对数据库使用者来说是致命的威胁。但是，假如数据库中存储的是数据的密文信息，即便攻击者获得了数据库文件也不一定能够正确解密，这种方式不管是针对内部攻击还是外部攻击都是非常有效的。

（四）审计功能

攻击者在任何时候总是能掌握新的方法窃取或篡改数据库系统的信息，这是因为每个系统的安全性防范措施都不可能是完全没有漏洞的。在审计日志中记录了与数据库安全性有关的一切操作记录。系统安全员通过检测审计记录就可以掌握数据库的访问和操作状况。通过审计数据就能够发现内部和外部攻击者非法访问活动，重新找出造成系统出现状况的事件，分析发现系统存在的安全漏洞，找出相关的非法入侵者。

（五）数据备份

数据备份是有效避免数据丢失的一种手段，一旦系统受到不可恢复的攻击或瘫痪时，采用了数据备份技术后就可以利用已备份的数据来恢复被破坏的信息，从而最大限度地减少系统的风险。

（六）推理控制与隐私保护

数据库安全中的推理是指用户根据低密级的数据和模式的完整性约束推导出高密级的数据，造成未经授权的信息泄露，这种推理的路径称为“推理通道”。近年来，随着外包数据库模式及数据挖掘技术的发展，对数据库推理控制和隐私保护的要求也越来越高。

五、数据库安全技术

数据库的信息安全管理工作是有层次与规范的，并不是单纯做好某一方面就能够实现数据库系统的安全，而是要综合考虑数据库本身的安全防护、计算机使用环境与网络环境、计算机使用者的相关素质等多个方面。具体来说，主要考虑以下三个层次：第一，网络系统的安全情况。第二，计算机使用者使用操作系统的安全与规范程度。第三，数据库本身的安全防护情况。

这三个不同层次安全体系的架构对于计算机数据库的安全防护有着重要意义，要采用相应的数据库安全技术，逐步加强每一层的防护等级。

（一）网络系统层次面临的安全威胁

如果按照恶意攻击从外到内的蔓延顺序，那么网络防护就可以称为数据库安全的第一道保护伞。也就是说，正是由于网络安全体系的存在，才将部分来源于外网试图对计算机内部数据库进行攻击的恶意代码拒之门外。

如果计算机网络接入的是开放性的大型网络，那么网络的防护层就时常会遇到以下几个类型的侵害：欺骗、重发、报文修改、拒绝服务、陷阱门、特洛伊木马、透纳攻击、应用软件攻击等出现频率很高的恶意代码攻击。只要用户还需要连接到外网，那么对于这些攻击就不可能完全避免，因此用户必须在网络外建立严格的防护筛选程序，并自行根据实际情况抵制不良信息。

（二）网络系统层次安全技术

在构架网络防御层时，能够使用的工具很多，关键是如何利用这些工具达到最佳效果，常用的工具包括防火墙、入侵检测系统、协作式入侵检测系统等。如果用户自身具有良好的安全素养，并且能够熟练使用防御和检测程序，加上杀毒软件的帮助，计算机被病毒侵害的可能就会大大降低。

1. 防火墙

防火墙可以说是最为人所熟知的计算机网络防护程序，其是计算机抵御外来攻击的初始防御。防火墙的原理是通过事先建立起的逻辑算法对外部信息进行拦截。在网络外的信息要进入内网时，防火墙会对信息的风险性进行鉴定；在网络内的数据要向外传输时，防火墙也会进行分析，如果认定该行为风险性高，就会阻止操作。

2. 入侵检测系统

入侵检测系统（Intrusion Detection System，IDS）是为了弥补防火墙的不足并提前预判计算机风险而设计出的软件。相对于防火墙的呆板，入侵检测系统要智能得多。入侵检测系统融汇了统计学、工程学、概率学、密码学等多个学科的优势，不仅能够在病毒进入计算机时及时报警，而且能在察觉危险的第一时间进行预判式报警。如果将入侵检测系统与防火墙结合起来，可以使计算机防御体系的安全性大大增强。

3. 协作式入侵检测系统

入侵检测系统虽然能够有效对抗很大一部分恶意攻击，但是也具备很大的局限性，而且很容易被黑客破解，因此协作式入侵检测系统应运而生。协作式入侵检测系统与入侵检测系统的原理大致相同，只是在完整的入侵检测系统中添加了更多组件，可以更加有针对性地监控与检测计算机网络中的各个程序是否受到攻击，通过多个组件之间的信息交互让防御系统变得更加严谨。

第二节　加密与认证技术

一、密码学

密码学是一门关于安全通信的科学。时至今日，密码技术由简单字母替换发展到了在现代计算机设备辅助下的各种复杂运算。密码学最基本、最经典的工作就是加密。所谓加密，是指将需要保护的信息通过加密算法加密得到密文，从而隐藏明文的内容，让攻击者得不到明文信息，达到保护信息的目的。

对于绝大多数人来说，密码学是一个冷门且抽象的学科，除了因为密码学本身的神秘性和复杂性外，更重要的是这一学科应用面比较狭隘，从古至今始终作为军事、间谍行为的辅助手段。

对于计算机密码的研究被称为计算机密码学，这是一种对计算机中的普通信息进行加密、对加密信息进行解密并且对两者之间的变化与转换过程和原理进行深入探究的学科。这一学科的发展时间还很短，属于计算机技术研究的衍生科目。国外的很多计算机研究中心都将密码学作为研究的主要方向和内容，通过对密码学的研究从根本上解决计算机安全威胁。

计算机密码学的主要研究内容就是密码。计算机密码是一种特殊符号，其作用是对计算机传输的数据如文字、图片以及音频等内容进行加密，让别有用心者无法截获到数据或者得到的数据是经过异化的，在没有掌握相应手段的情况下根本无法获得其中的信息。加密通信是一种古老的防止敌人截获重要信息的手段，信息输出者会对发出的内容进行某种形式的加密，而接收信息者可利用相应的手段解析出信息中的真实内容。计算机通信中使用的加密方式与其原理相同，由于计算机传输的信息相较于过去的书信更容易被人截获，人们对于密码的研究也越发深刻，力求最大限度地将信息隐藏起来，让截获数据的人无法获得任何有用的信息。

（一）密码学的发展

密码学的发展大致可以分为传统密码学和计算机密码学两个阶段。

1. 传统密码学阶段

传统密码学也叫古典密码学，其基本思想是：对要发送的信息进行各种变换后进行传输，授权的接收者进行变换将其恢复成明文，从而达到保护信息安全的目的。

最早的密码加密技术起源于公元前 2000 年的埃及。当时埃及人已经开始有意识地做好信息保密工作，通过对记录的信息进行加密的方式来防止有心人的窥伺。但是，当时的密码学不曾作为一个学科系统出现，没有完整的体系和记录方式，因此使用者只能凭借自身的知识来解读加密信息的内容，很容易使某一套密码的解读方式失传。

2. 计算机密码学阶段

过去的密码学与现在的密码学虽然目的相同，但应该作为不同的体系来看待，因为现在的密码学主要指的是对计算机密码的研究。

在传统密码学领域，加密和解密都是有迹可循的，无非就是通过某些手段将需要的信息混在无用信息中或只给出部分信息，需要破译者借助某些工具或资料补全信息。过去的加密技术比较简单，无论是得到了密码的使用机制，还是获得了机密文件，都可以通过一定的规律来破解其机制，这也导致过去虽然也使用加密技术加密信息，但在信息被截获之后被破译的概率并不低。

现如今，计算机密码学不仅应用范围非常广，而且其体系划分更加明确、具体，主要分为公用密码密钥（RSA）和数据加密标准（DES）两大类。在多个用户共同接入的开放型网络环境中，密钥管理分配和信息认证技术都是必不可少的技术。数据加密标准的出现，标志着计算机密码学作为现代密码学已经成了一门真正的学科。

（二）现代密码学的分类

作为信息安全技术的基础，现代密码学主要可以分为密码分析学和密码编码学。其中，密码分析学用于分析并破译密码，密码编译学用于研究并编译可用于加密信息且具有高安全性的密码体制，我们可以将其简单理解为解密和加密。一套完整的密码体制在包含加密和解密算法的同时，还应具备存储并传输明文和密文以及进行密钥交换的能力。密钥作为加密解密的关键可以根据其结构的对称和非对称性将密码体制分为对称加密和非对称加密。鉴于当前网络安全面临的严峻挑战，人们对密码学提出了更加具体的需求，即保障加密数据的完整性、安全性及高效性。

二、加密技术

（一）加密系统的构成

一个加密系统主要由五个部分组成，即明文、密文、加密算法、解密算法和密钥。

1. 明文

明文指的是需要使用密码学技术对其进行保护的原始信息内容，一般使用P来表示。明文作为无密码传输状态下的原始信息是可以被任何人观测到并读懂的，为了隐藏其中蕴含的信息，避免某些机密内容被权限不够的用户直接观测到，就需要对其进行加密，通过使用密钥对原有的信息进行加密使其成为密文。

2. 密文

密文是明文经过密钥加密后还没有被解析时呈现出的无序的、无法被直接读懂的信息状态，一般使用C来表示。这一状态下的数据是无法提供有用信息的。

3. 加密和解密

这两个概念都很容易理解，前者是在传输之前为了保密将明文向密文转化的过程，后者则是接收到信息之后为了获取其中的信息而对加密部分进行逆向解析的过程。

4. 加密算法和解密算法

加密算法和解密算法就是在加密和解密时需要使用的方法，分别用E和D来表示。加密算法对应的是加密程序，而解密算法对应的是解密程序。

5. 密钥

无论是加密算法还是解密算法，都是依靠密钥来工作的，密钥可以说是一切加密行为或者解密行为的运算逻辑。只有通过特定的密钥才能解开使用该密钥加密的密码，这就极大地保证了信息的私密性和安全性。密钥根据加密和解密的不同用途分为加密密钥和解密密钥。

（二）加密系统的工作过程

首先，信息的发送者需要使用加密密钥对想要表达的内容也就是明文进行加密，这个过程中使用了加密算法；其次，信息接收者在获得了加密信息之后通过解密密钥破解密文将其还原为明文并得到信息，这一过程使用了解密密钥；最后则是加密对信息起到保护作用，如果在信息传输的途中有人试图窃取信息，也只能得到加密后的密文，在没有掌握相应的密钥的情况下，很难完成对真实信息的解析，也就保护了信息的安全性与私密性。

（三）加密方法

加密方法主要有三种，即对称加密、非对称加密和单向散列函数加密。

1. 对称加密

（1）对称加密的概念

对称加密指的是加密和解密算法使用相同密钥的传统密码算法。在通信前，双方会协商指定一个密钥以此进行加密和解密工作。作为密码学发展初期广泛使用的加密技术，对称加密具有计算量小、加密速度快和保密度高等特性。但是，由于使用相同密钥进行加密解密，每次用户通信使用的密钥需要对第三方严格保密，这会迫使信息的收发双方存储大量的密钥。

（2）对称加密的要求

首先，对称加密要使用强力的算法对明文进行加密，以达到即使窃取信息者能够获得大量的密文、掌握获取密文的固定渠道甚至已经获得了一部分加密前的明文，但是在复杂的计算方式下仍然无法找到算法的规律的目的。这种加密方式主要强调算法的重要性。

其次，在将密钥算法的副本传输给信息接收者时一定要谨慎，因为通过研究密钥副本同样能够获取密钥中的全部消息。信息交换双方必须在完全能够确保信息安全的情况下才能进行密钥副本的交接。

最后，要制定关于密钥的防护措施，因为密钥才是一切算法的根源，即使使用的算法再强大，能够抵御再多的外来破解计算，只要密钥被泄露出去，通过密钥就可以破解一切建立在其上的加密信息。

（3）对称加密的算法

①流加密算法

通过流加密算法，将明文与一个密钥流进行 XOR（逻辑异或）运算可以生成密文，将密文与相同的密钥流进行 XOR 运算即可还原成明文。流加密是以二进制的单个位为单位进行数据加密。流加密算法的关键在于密钥流必须是随机的，而且合法用户可以很容易再生该密钥流。流加密算法的密钥流是通过使用一个随机位发生器和一个短的密钥而产生的，这个密钥由用户记住。

②块加密算法

块加密算法是加密算法中应用最广泛的类型。块加密算法每次是对固定大小（如 64 位、128 位、256 位等）的位块进行加密。块加密算法有多种实现模式，其中有三种标准模式，分别是电子编码簿模式、密文块链模式以及输出反馈模式。

③乘积加密算法

乘积加密算法是现今所用对称块加密法体系的结构基础。整个加密过程包括多个阶段的替换以及换位。乘积加密算法的主密钥分成一个子密钥集，每个阶段使用一个子密钥。每个阶段，数据块被分成左右两个部分，这些部分进行交换，其中一个部分与子密钥混合。这种加密法也叫作替换—置换加密法。

2. 非对称加密

非对称加密的概念的提出，打破了常规信息传输者必须在安全的环境下才能传输信息的限制，让双方完全可以在开放性平台上完成信息的交换而不会导致信息泄露。这种特殊的帮助双方达成密钥一致的算法很快就衍生出了“公钥密码体系”，这也就是与对称加密相对应的非对称加密密钥体制。

这种加密方式还有一种比较广为人知的名称，那就是公开密钥加密，也是人们如今使用得非常广泛的一种加密方式。其原理是在最初就将密钥分为两部分，信息传输者对信息进行加密和信息接收者对收到的信息进行解密使用的密钥完全不同，这样就可以从根本上杜绝算法被破解的问题。

在使用这一方法时，最重要的就是保护解密密钥的安全性，如果被人获取了解密密钥的数据，那么推导加密密钥并不困难，但是如果反过来想通过其他方式反推解密方法则几乎完全不可能。这种算法的加密密钥是公开的，任何想要使用的人都可以使用其加密信息，但加密过的信息只有掌握了解密密钥的人才能看到，因此前者又被称为公开密钥，而只有少数人掌握的解密密钥则被称为私有密钥。

在使用非对称加密的公开密钥对信息进行加密时，需要建立两个关键的模型，分别是加密模型和认证模型。

如果存在一个名单，名单中的人都使用这种加密密钥，则其中的任何人都可以使用这种加密方式向任意另一个人发送信息，两者之间完全可以通过互相查验对方的公开密钥得到向对方发送信息的路径，然后通过使用密钥加密的方式将信息安全传输过去，同时也只有使用相对应的密钥的信息接收者接收到的信息才是有意义的，其他人即使获得信息也无法完成解密。

在逆向使用非对称加密的思路和技术手段时，可以通过其完成信息起源认证工作。具体的方法是将公开密钥和私有密钥的算法复杂程度倒置，使得原本的公开密钥变成私有的，而原本的私有密钥变成公开的，这样一来原本的情况是任何人都可以加密并发布信息，但只有特定的人才能查看信息，而现在使用逆向加密算法使得人人都可以查看现有的信息，但只有掌握了关键密钥的人才能够发送或者说修改这些信息。

这种加密方式最大的优势就是传输信息的双方无须事先交换密钥副本，在需要进行信息传输时可以直接发送。这就极大地降低了信息被截获的风险，因为信息中的公开密钥本身就是公开的，即使截获也毫无意义。正是由于非对称加密的这种特性，其应用面非常广。但是，非对称加密算法也有不足，那就是其加密的数据密度比较低，并不适合对长度太大的信息进行加工；由于使用的密钥不同，解密速度也会比较慢。因此，在对大量的信息进行加密传输时，人们还是更多选择对称加密算法。

很长一段时间以来，计算机密码学的专家都致力于将非对称加密和对称加密两种完全不同的加密算法结合起来，以保障网络安全。其方法是先使用对称密钥对数据进行加密，而后将这个加密过的数据当作明文使用非对称密钥加密，最后将双重加密的文件发送出去。

3.Hash 函数加密

Hash 函数也叫单向散列函数，是一种非常重要的维护信息安全的加密手段。作为一种轻量级的加密算法，Hash 函数拥有将任意长度输入信息进行压缩进而产生固定长度输出比特流（散列值）的功能，可以用来传递用户机密信息以及生成公钥加密算法中的会话密钥，以增强系统安全性。

在密码学和数据安全技术中，Hash 函数是实现有效、安全可靠数字签名和认证的重要工具。目前，安全领域越来越离不开 Hash 函数，计算科学及其应用领域也越来越离不开 Hash 函数。

三、信息认证技术

在开放式网络环境中，用户的计算机系统很容易受到侵害，因此必须使用一些特别的方式保证网络安全，如认证、授权、记账等，这里就需要信息认证技术作为支撑。

（一）信息认证的基本流程

1. 认证

认证一般用于对服务器、路由器以及交换机等储存大量信息的重要设备的访问申请，是计算机确认操作者身份的重要检验过程，对于保证计算机用户的个人隐私有很重要的作用。

网络通信中的认证是不同计算机使用者对他人身份进行探究和认可的一个过程，只有确认了对方没有恶意或者说对计算机安全没有威胁才会通过认证，给对方访问的权限。用户名—口令认证、摘要算法认证和基于 PKI（公钥基础设施）的认证等都是常用的认证方式。

2. 授权

授权是一种只允许特定用户访问数据的安全限制，能够将一部分可能对数据库造成安全威胁的访问拒之门外。

3. 记账

记账即记录，在计算机中，管理员可以对所有普通用户使用计算机的痕迹进行记录，一般适用于问题发生后寻找问题的成因。同时，记账对外也可以起到很大的作用，如记录外来入侵者在计算机中留下的所有痕迹，可以利用这些痕迹对入侵者的身份进行反向追踪。

（二）常用的认证技术

认证技术用来判断一个用户是否有足够的权限进行操作，计算机中最常见的认证技术包括身份认证、消息认证、数字签名、数字证书等。

1. 身份认证

身份认证不仅在网络上，在实际生活中同样有着广泛的应用，如去酒店需要出示身份证，进入某些场所需要出示门票等都是身份认证。用户在计算机网络中的身份的真实与否同样很重要，这会决定用户的受信任程度以及独有的权登记等重要问题。

在计算机网络环境中，不论是计算机系统还是应用软件都需要通过身份认证系统证明一个用户的合法性，并确定用户浏览数据的权限。可以说，身份认证技术是其他安全服务的基础，实现安全高效的身份认证技术对信息事业的发展具有重大意义。

作为身份认证体制的一个重要目标，被认证方需要向认证方提供能证明自己合法身份的信息，且这些信息无法由他人伪造得到。基于上述观点，身份认证技术可以划分为以下两大分支：①基于密码技术的身份认证技术，主要包括基于安全令牌的认证、基于口令的认证、基于 PKI 的认证以及基于智能卡的认证。②基于生物特征的身份认证技术，主要包括鉴别指纹、虹膜、面容、语音、手势等认证。

2. 消息认证

消息认证使接收者能够识别消息源、内容的真伪和时间性等。消息认证在相互通信的双方之间进行，不允许第三者进行上述认证。消息认证可以不是实时的，如存储系统或电子邮件系统就不要求认证的实时性。

3. 数字签名

数字签名是公钥密码体系衍生出的最重要的技术之一。相较于在纸上书写的物理签名，数字签名首先对信息进行处理，再将其绑附在一个私钥上进行传输，形成一个比特串的表示形式，可以实现用户对电子信息来源的认证，并对信息进行签名，以此确保信息的完整性与有效性。在数字签名出现之前，除了传统的物理签名之外，还有一种“数字化”签名技术，即在电子板上进行签名，接着再将签名传输到电子文件中。虽然相比物理签名，这种方式更加便捷，但其仍然可以被非法地复制并粘贴到其他文件上，因此签名的安全性无法得到保障。不同于“数字化”签名技术，数字签名与手写签名的形式毫无关系，它实际上是使用密码学的技术将发送方的信息明文转换成不可识别的密文进行传输，在信息的不可伪造性、不可抵赖性等方面有着其他签名方式无法替代的作用。

4. 数字证书

（1）数字证书的概念

数字证书又称为数字标识，它提供了一种在网络中进行信息加密和身份验证等安全保障的方式，它是用来标明网络通信过程中的双方身份的二进制数字文件，与日常生活中的个人的身份证和司机的驾驶执照类似。数字证书由CA认证中心签发，在网络交往中，人们可以用它来识别对方的身份，并进行有关的安全操作。通俗地讲，数字证书就是一个人、一个设备或单位在网络中的身份证。数字证书上包含公钥、拥有者的名称、CA认证中心的数字签名、密钥的有效期、CA认证中心的名称、该证书的序列号等信息。

（2）数字证书的应用

①使用数字证书加密。数字证书提供的加密服务，为人们提供保密性和访问控制的解决方案。对称加密，使用相同的密钥来加解密信息，好处是加解密速度快，但存在密钥传递问题；公钥加密，使用不同的密钥来加解密信息，好处是不存在密钥传递问题，但加解密速度慢。以上两种加密方法各有利弊，使用数字证书将两种加密方法结合起来对用户提供加密服务，称为数字信封。

数字信封技术就是用对称算法加密文件，用非对称算法加密该对称密钥的方法。首先，对于要传输的文件，生成一个随机的对称密钥进行加密。然后，用接收者的公钥对该临时加密密钥进行加密，把加密的对称密钥和加密的信息传送给接收者。接收者收到数字信封后，首先用自己的私钥解出随机对称密钥，然后对数据进行解密。这样既解决了加密速度问题，又实现了加密密钥的安全传输，还保证了只有接收者才能够得到文件的原文。

②使用数字证书签名。数字证书提供的数字签名服务，为人们提供了完整性、真实性和不可否认性的解决方案。数字签名与现实中的人为签名相比具有更高的不可伪造性。数字签名使用了发送者的私有密钥变换所需传输的信息，对于不同的文档信息，发送者的数字签名不同。因此，如果没有私有密钥，任何人都无法进行非法复制。从这个意义上说，数字签名是通过一个单向函数对要传送的报文进行处理得到的，用以认证报文来源并核实报文是否发生变化的一个字母数字串。

通过提取摘要、采用公共密钥方法对该摘要进行加密处理、接收方进行检验，可以实现使用数字证书签名的目的，这样可以解决否认、伪造、篡改及冒充等问题。该技术在具体工作时，首先发送方对信息施以数学变换，所得的信息与原信息唯一对应；接收方进行逆变换，就可以得到原始信息。只要数学变换方法优良，变换后的信息在传输中就具有很强的安全性，很难被破译、篡改。

第三节 网络防火墙技术

一、网络安全防火墙概述

（一）网络安全防火墙的概念

从网络安全的角度来讲，网络安全防火墙是一种安全有效的防范技术，是访问控制机制、安全策略和防入侵措施。狭义上讲，网络安全防火墙是指在两个网络之间加强访问控制的一个或一系列网络设备，是安装了防火墙软件的主机、路由器或多机系统；广义上讲，网络安全防火墙还包括了整个网络的安全策略和安全行为，是一整套保障网络安全的手段。它是通过在内部受保护网络和外部公众网之间的界面上建立起一个相应网络安全检测系统来隔离内部和外部网络，强制所有的连接都必须经过这一检测系统的检查，以确定哪些内部服务允许外部访问、哪些外部服务可以被内部访问。只有被授权的通信才能通过，以此阻挡来自外部网络的非法入侵，达到保护内部网络的目的。

网络安全防火墙由路由器或堡垒主机（一个高度安全的计算机系统）组成，因为它通常被放置在外部网络与内部网络的边界上，作为连接内部网络与外部网络的桥梁，所以特别容易受到外部攻击。从完全意义上讲，网络安全防火墙系统不只是一种路由器、主机系统或一批向网络提供安全性的系统装置，更是一种保护网络的方法和手段，它通过网络配置、主机系统、路由器以及身份认证等手段来建立网络安全协议和机制，以便确定允许提供的服务和访问。

（二）网络安全防火墙的工作原理

网络安全防火墙是应对网络攻击最重要的防御系统。它就是一种过滤塞，过滤的是在网络中承载通信数据的通信包。对于数据包的操作只有两种：接收或者拒绝。网络安全防火墙的实现形式有很多种，其中包括直接取代系统已经装备的TCP/IP协议栈；在已有的协议栈上装载防火墙软件模块；防火墙单独用作一套独立的操作系统；作为应用型防火墙，只对特定类型的网络连接提供保护；硬件防火墙；等等。所有这些防火墙的工作方式都是一样的，分析进出防火墙的数据包，决定放行还是丢弃。

（三）网络安全防火墙的特性

网络安全防火墙是一种用来加强网络之间访问控制的特殊网络设备，它对两个或多个网络之间传输的数据包和连接方式按照一定的安全策略进行检查，来决定网络之间的通信是否被允许，其中被保护的网络称为内部网络或私有网络，另一方则被称为外部网络或公用网络。网络安全防火墙能够有效地控制内部网络与外部网络之间的访问及数据传输，从而达到保护内部网络信息不被外部非授权用户访问和过滤不良信息的目的。

一个好的网络安全防火墙系统应具有以下几种特性：①内部网络和外部网络之间传输的数据必须通过网络安全防火墙。②只有被授权的合法数据及防火墙系统中安全策略允许的数据可以通过防火墙。③网络安全防火墙本身不受各种攻击的影响。④网络安全防火墙使用最新的信息安全技术，如现代密码技术等；人机界面良好，用户配置、使用方便，易管理。

（四）网络安全防火墙需要防范的攻击

网络安全防火墙的防御是有针对性的，除了保证计算机内部网络系统不受侵犯之外，还会保护连接互联网的Web端口的安全。具体来说，网络安全防火墙需要防范的攻击主要有以下几种。

1. 间谍行为

间谍行为包括黑客直接利用技术手段潜藏到用户的计算机中监视其行为，以获得重要信息，或者通过间接手段给计算机植入间谍软件，利用软件获取重要信息。

2. 数据盗窃

与间谍软件的侵害手段类似，数据盗窃同样是使用各种方式进入用户的计算机中以获得其数据库中的重要信息或者盗取账号密码等。二者的不同之处在于间谍软件更多的是监控，而数据盗窃是盗取数据。

3. 破坏系统

破坏系统的行为中程度较轻的是损坏用户计算机中的部分文件，使其无法执行部分功能，如连接互联网。严重的情况下，会通过病毒或者蠕虫代码的复制攻击能力让整个计算机系统都处于瘫痪状态。

（五）网络安全防火墙的基本功能

网络安全防火墙作为内部网络与外部网络之间的一个保护层，使得内部网络与外部网络之间所有的信息流都必须通过防火墙，以保护内部网络免受非法入侵。从逻辑上说，网络安全防火墙是一个分离器、限制器、分析器。

1. 网络安全防火墙是网络安全的屏障

作为阻塞点、控制点的网络安全防火墙，能极大地提高内部网络的安全性，并通过过滤不安全的服务而降低风险。由于只有经过选择的应用协议才能通过网络安全防火墙，网络环境变得更加安全。同时，网络安全防火墙可以保护网络免受路由技术的攻击，如IP选项中的源路由攻击和ICMP重定向中的重定向路径。此外，网络安全防火墙能拒绝所有以上类型攻击的报文并通知系统管理员。

2. 网络安全防火墙可以强化网络安全策略

通过以防火墙为中心的安全方案配置，能将所有安全功能（如口令、加密、身份认证、审计等）配置在网络安全防火墙上。与把网络安全问题分散到多个主机上的方案相比较，网络安全防火墙的集中安全管理更经济。

3. 对网络存取和访问进行监控审计

如果所有的访问都经过网络安全防火墙，那么网络安全防火墙就能记录下这些访问并登记日志，还能提供网络使用情况的统计数据。当发现可疑动作时，网络安全防火墙能进行适当的报警，并提供网络是否受到检测和攻击的详细信息。另外，网络安全防火墙能方便地收集一个网络的使用和误用情况。管理员通过分析这些日志信息就可以清楚地知道防火墙能否抵挡嗅探和攻击、防火墙的控制是否充足，并进行网络需求分析和威胁分析。

4. 阻止内部信息的外泄

利用网络安全防火墙对内部网络的划分，可以实现内部网段级的隔离，从而限制局部重点或敏感网络安全问题对全局网络造成的影响。隐私是内部网络非常关心的问题，一个内部网络中不引人注意的细节可能因包含有关安全的线索而引起外部攻击者的兴趣，甚至因此暴露出内部网络的某些安全漏洞。使用网络安全防火墙可以隐蔽那些可能透露内部细节的服务，还可以阻塞有关内部网络中的DNS信息，这样一来，内部主机的域名和IP地址就不会泄露出去。

（六）网络安全防火墙的种类

网络安全防火墙可根据防范方式和侧重点的不同分为多种类型，大致上可分为三大类：包过滤防火墙、应用代理型防火墙和复合型防火墙。

1. 包过滤防火墙

包过滤防火墙也叫分组过滤型防火墙，作用在网络层和传输层，它根据分组包头源地址、目的地址和端口号、协议类型等标志确定是否允许数据包通过。除非试图访问的信息经过了防火墙检测程序的每一道检验，否则无论该信息有着怎样的签名或者访问理由都无法穿过防火墙。

包过滤防火墙的优点是不用改动客户机和主机上的应用程序，因为它工作在网络层和传输层，与应用层无关，仅用一个放置在重要位置上的包过滤路由器就可保护整个网络。其缺点也十分明显：只能过滤判别网络层和传输层的有限信息，无法满足其他层级的安全要求；在许多过滤器中，过滤规则的数目是有限制的，且随着规则数目的增加，其性能会受到很大的影响；由于缺少上下文关联信息，不能有效地过滤如UDP一类的协议；大多数过滤器中缺少审计和报警机制，且管理方式和用户界面较差；对安全管理人员素质要求高，建立防火墙安全规则时，安全管理人员必须对协议本身及其在不同应用程序中的作用有较深入的理解。

2. 应用代理型防火墙

应用代理型防火墙也称应用网关防火墙，作用在应用层，其特点是完全“阻隔”了网络通信流，通过对每种应用服务编制专门的代理程序，实现监视和控制应用层通信流的作用。实际中的应用网关通常由专用工作站实现。

应用代理型防火墙是内部网络与外部网络的隔离点，起着监视和隔绝应用层通信流的作用，同时也常结合过滤器的功能。代理服务有两个优点：代理服务允许用户“直接”访问因特网；代理服务适合于做日志。

3. 复合型防火墙

防火墙已经能够解决计算机用户的绝大部分问题，但有些特殊的企业或者机构对计算机防护有着更高的要求，这时就需要使用复合型防火墙，通过对不同的防火墙的综合利用来实现更高级别的安全防护。具体而言，复合型防火墙主要有以下两种模式。

（1）屏蔽主机防火墙体系结构

屏蔽主机防火墙体系结构是将计算机的信息接入渠道减少到一条，网络边缘的分组过滤路由器设备会将其他渠道全部封闭并转接到最安全的、处于子网中心位置的堡垒主机中，用最严格的审查制度对待所有试图接入的数据信息。

这样一来，减少了接入端口，也加大了接入审查力度，从而使得计算机网络安全指数大幅提升。

（2）屏蔽子网防火墙体系结构

这种防火墙模式下的计算机网络防护非常稳固，其由子网内的防火墙本体和网络边缘位置的两台过滤型路由器组成。

二、个人防火墙概述

（一）个人防火墙的概念

网络安全防火墙可以在用户的计算机和 Internet 之间建立起一道屏障，使用户的计算机在很大程度上避免受到来自 Internet 的攻击，而面向个人用户的防火墙软件就称为个人防火墙。

（二）个人防火墙的特点

通常情况下，个人防火墙具有以下特点。

①个人防火墙一般是软件防火墙。

②个人防火墙可以根据用户的要求隔断或连通用户的计算机与 Internet 之间的连接。用户可以通过设定规则来决定哪些情况下防火墙应该隔断计算机与 Internet 间的数据传输，哪些情况下允许两者间的数据传输。

③与大型网络防火墙不同的是，个人防火墙通常直接切入用户的个人操作系统，并接管用户操作系统对网络的控制，使得运行在系统上的网络应用软件在访问网络时，必须经过防火墙的确认，从而达到控制用户计算机和 Internet 连接目的。

（三）常见的个人防火墙

常见的个人防火墙有天网防火墙个人版、瑞星个人防火墙、Norton 防火墙、ZoneAlarm 防火墙等。

一般来说，安装好的个人防火墙软件已经进行了一些初始设置，如 IP 规则、端口规则等，除非出现特殊情况，否则用户不需要对这些设置进行更改。

用户要注意以下几方面的设置。

1. 防火墙的安全级别

多数个人防火墙软件都会有可选的安全级别，一般为初级、中级和高级三种。初始设置一般都在中级，建议将安全级别设置为高级。

2. 自动加载

建议打开个人防火墙的自动加载选项，以便在 Windows 启动时自动启动防火墙，给系统提供更好的保护。

3. 自动更新

一些优秀的个人防火墙软件都提供自动更新功能，最佳选择是将这些选项打开，以便该防火墙软件可以经常进行自动升级，从而防止新的病毒、木马的攻击。

（四）个人防火墙的工作原理

不同的个人防火墙侧重点不同，这里以天网防火墙个人版（以下简称天网防火墙）来分析个人防火墙的工作原理。

天网防火墙是一款由天网安全实验室制作的用于个人电脑的网络安全程序。它根据系统管理者设定的安全规则把守网络，提供强大的访问控制、信息过滤等功能。它可以抵挡网络入侵和攻击，防止信息泄露，并可与天网安全实验室的网站相配合，根据可疑的攻击信息找到攻击者。

1. 天网防火墙防御网络入侵和网络攻击的措施

（1）天网防火墙拦截探测数据包使入侵或攻击行为无从下手

第一，入侵者发送探测数据包企图建立连接。入侵者在入侵一个计算机系统之前，首先得确认该系统是否存在入侵的可能，这个工作通常被称为“网络探测”。一个活动的而又没有任何安全防御措施的机器通常是入侵者感兴趣的对象。

基于 TCP/IP 协议的计算机本身并不会对所接收的请求判断是否是非法或者是虚假的，它只懂得聆听对方的回应；如果有合理的回应，那么对方的请求就是合法的并且可靠的；如果没有回应或者回应是错误的，就认为对方是不可靠的。正因为这样的原因，入侵者可以利用通信协议的这个特点来确定对方的存在，然后进行下一步的行动。

第二，入侵者发出探测的数据包。这通常是一个同步位的 TCP 请求包，询问对方是否存在。

第三，本地设备忠实地回应入侵者的探测数据包。由此，入侵者知道了本地设备不仅存在还运行着，这就为下一步的行动做好了准备。

对于本身并不需要提供 Internet 服务的个人网络用户而言，如果能够很好地处理这些并不需要接收的请求，其计算机的安全性就会大大提升。天网防火墙所做的网络安全屏障，第一步是让这些网络探测在防火墙的面前失效；第二步是入侵者所发出的探测数据包会被天网防火墙所拦截，用户的计算机并不会对入侵者的计算机回应，所以，入侵者无从得知用户计算机的基本信息，入侵或攻击行为无从下手。

（2）天网防火墙通过设置关闭端口保护计算机免遭攻击

如果入侵者已经通过其他方式探测到用户的机器，正准备对用户的计算机进行入侵或者破坏，这时可以设置关闭端口保护计算机免遭攻击。

TCP/IP 的网络访问除了用户 IP 之外，还有一个很重要的元素，即端口。当入侵者知道了用户计算机的存在之后，接下来的步骤就是探测出用户的计算机开了哪些门可以进出，这些门就是用户计算机所打开的端口。

天网防火墙可以为用户关闭不再使用的端口，这相当于关闭了入侵者可能进入的大门，也就减少了计算机被入侵的机会。对于用户而言，计算机打开的端口越少，入侵者能选择的入侵路径就越少，那么安全性就会越高。由于没有进出的门，入侵者即便知道了用户计算机的存在，也只能吃闭门羹。

（3）天网防火墙利用“外墙”和“内墙”抵挡木马的攻击

绝大多数入侵者都不是喜欢等待机会的人，他们通常情况下会自己制造机会。面对没有明显的可攻破的安全漏洞的计算机，他们会通过迂回的方式给计算机植入木马，与木马里应外合使得计算机沦陷。面对木马的入侵，防火墙应从内外两方面入手做好防御工作。

①外墙对木马的拦截作用。木马程序并没有听起来那么神秘，从原理上讲它是一个客户端程序，入侵者想办法让用户安装木马客户端而与其计算机取得联系。入侵者掌握有木马的服务器，可以通过服务器对客户端的控制监控到用户计算机的所有动向，并且能够掠夺计算机中的一切数据。在需要的时候木马可以作为以上连接外部的大门，让入侵者长驱直入入侵到用户计算机当中，直接实现远程控制。

天网防火墙的双墙结构可以有效地拦截已知的各种木马遥控。如果木马的伪装不够到位，那么天网防火墙的外墙就会执行该有的过滤功能，将一切不符合放行规则的数据统统拦截在计算机系统之外。由于木马程序都会打开自己的监听端口，只要利用 IP 包过滤规则拦截掉连接到这个监听端口的数据包，那么木马就会无事可干，无法发挥功能。

②内墙对木马的拦截作用。防火墙的一切防御行为都只针对外来的申请访问，对于内部要求，防火墙从来不会做出干预，这就给了木马可乘之机。这种类型的木马会通过使用能够合法访问计算机系统的网络签名和地址来骗取防火墙的信任，在进入计算机系统之后才开始肆虐，通过从内部连接到木马的服务器来窃取计算机信息或者将其直接变成傀儡。虽然天网防火墙无法防御这类木马的进入，但是其是双层结构，除了抵御入侵的外墙之外还有内层结构。在这道内墙的保护下，虽然反弹木马可以进入系统，但是在试图接入网络与服务端连接输送主机数据时会被天网防火墙拦截。因此在面对这类攻击时，只要正确使用天网防火墙，也不至于束手无策。

在任何计算机系统中的程序申请使用网络功能时，天网防火墙的内层都会对其严加审查，因此一些木马类代码即使能够混入计算机系统内部，也无法通过网络将系统内的信息输送出去。

2. 天网防火墙保护个人计算机的设置

如果能够在设置计算机防火墙功能时做到以下几点，那么用户的计算机网络环境一定会更加安全。①虽然天网防火墙不能全部禁止程序的正常网络使用，但是在通过申请前要先进行严格的审查并对整个流程进行记录，作为网络使用规则的一部分。②如果使用天网防火墙保护计算机，在绝大多数情况下都不需要进行特殊设置，只需要使用防火墙的默认设置即可抵御 99% 的风险。③天网防火墙可以设置对非法网站的访问限制，避免计算机系统的数据遭到远程修改。

总的来说，天网防火墙的优势很大程度上体现在对外来控制的抵抗上，使用该防火墙能够有效避免计算机中的数据被修改。

第四节 安全检测技术

一、端口

（一）端口的概念

端口通常有以下两种含义。第一种含义是切实存在的硬件接口，如 ADSL Modem、集线器、交换机、路由器以及用于连接其他网络设备的接口（如 RJ-45 端口、SC 端口）等。第二种含义是并不真实地存在，而是存在于虚拟数据当中的网络端口，如序列号在 0 ～ 65535 之间的网络协议，以及在浏览网页时用到的服务端口等。

（二）逻辑意义端口的分类

逻辑意义端口即计算机和网络间的虚拟端口。使用计算机时，每一个端口和服务都是相对应的关系。也就是说，系统在使用服务时收到的数据是通过端口传输而来的，而反馈给服务方的数据也是通过端口回溯的。从这里也能看出端口在计算机使月上的重要性。

1. 按分配方式分

（1）公认端口

端口号从 0 到 1023。这些端口紧密绑定于一些服务。其中 80 端口分配给 WWW 服务，25 端口分配给 SMP 服务等。通常这些端口的通信明确表明了某种服务的协议。

（2）注册端口

端口号从 1024 到 49151，这些端口松散地绑定于一些服务。许多系统处理动态端口是从 1024 左右开始的。

（3）动态端口

又称私有端口，端口号从 49152 到 65535，理论上不应为服务分配这些端口，但也有例外，如 SUN 的 RPC 端口就是从 32768 开始的。

2. 按协议类型分

（1）TCP 端口

TCP 端口即传输控制协议端口，它需要在客户端和服务器之间建立连接，这样可以提供可靠的数据传输。常见的有 FTP 服务的 21 端口、Telnet 服务的 23 端口、SMTP 服务的 25 端口以及 HTTP 服务的 80 端口等。

（2）UDP 端口

UDP 端口即用户数据包协议端口，它无须在客户端和服务器之间建立连接，安全性得不到保障。常见的有 DNS 服务的 53 端口、SNMP（简单网络管理协议）服务的 161 端口、QQ 使用的 8000 和 4000 端口等。

二、端口扫描技术

（一）端口扫描的概念

使用端口扫描技术的目的同样是分析计算机系统的安全漏洞，这种方式是通过自动检测程序连接所有的计算机端口，通过获取每个端口的数据和状态等信息来判断端口以及其提供的服务状态，从而判断端口所处的环境是否安全，通过这样的方式指示计算机的安全指数到底如何。

（二）端口扫描的方法

端口将计算机与服务的提供方连接到一起，既是计算机获取外来服务的重要通道，也为外来的入侵者提供便利，让入侵路线的选择更加多样化。因此，针对计算机端口的扫描是很有必要的，无论是通过手动扫描还是使用专门开发的针对计算机端口安全性进行扫描的相关软件，都能够检测端口提供的服务以及连接端口本身的信息是否与正常情况下一致，这样一来也就能够了解到外来攻击是否通过端口。

（三）手工扫描

手动检测计算机端口安全性时常常要使用Netstat 命令，其相当于端口监测中的“搜索引擎”。通过这一命令能够让计算机中的所有端口连接都显示出来，无论是 TCP 端口还是 UDP 端口，在这一命令的作用下都无所遁形。经验丰富的计算机用户经常利用这一指令检测计算机中的端口连接状态，通过和正常信息的对比判断当前计算机的使用状态，观察计算机中是否存在木马，是否被黑客植入了用于攻击或入侵的后门程序等。在计算机中应用这一指令，随时观察端口情况并做好记录是手动监测的常用方法。用户通过这样的记录在下一次检测时对比数据，就可以动态了解到计算机数据的变化与安全情况，也就能够在危险到来时及时应对。

（四）利用扫描软件扫描端口

1. 扫描软件

扫描软件能够远程自动监测计算机中可能存在的问题，能够综合判断计算机中的资源分配、端口接入、软件版本等信息，能够通过对这些信息的汇总得到结论，判断计算机的安全等级、是否存在安全漏洞以及安全漏洞的位置和数量，从而做到对计算机的使用情况了如指掌。

2. 常用的扫描器

Mysfind 扫描器、X-Scan 扫描器、RangeScan 扫描器等都是常用的扫描软件。其中，X-Scan 扫描器兼具了上面对扫描软件中描述的所有功能。除了对端口的连接和对资源的分配情况的了解，这一软件同时还具备了根据这些信息扫描汇总计算机中的安全漏洞的功能。

扫描内容包括：远程服务类型、操作系统类型及版本，各种弱口令漏洞、后门、应用服务漏洞、网络设备漏洞、拒绝服务漏洞等二十几个大类。

三、漏洞扫描技术

（一）漏洞扫描的概念

对安全漏洞的扫描可以说是对计算机系统的“体检”，能够指出其中存在的漏洞以及这些漏洞是否会被黑客利用。也就是说，安全漏洞扫描是针对计算机可能受到的攻击位置的预判，能够帮助用户提前察觉其中的危险并进行预防。

（二）漏洞扫描的分类

对计算机安全漏洞的扫描可以分为基于网络的漏洞扫描和基于主机的漏洞扫描两大类别。

1. 基于网络的漏洞扫描

基于网络的漏洞扫描就是利用网络来寻找计算机对外防护可能存在的安全漏洞，查看计算机网络外是否存在攻击者能够通过防火墙和检测程序的漏洞改写或者拷贝计算机中的信息。这种方法能够利用网络远程监控计算机的实时动态，能够察觉到计算机中的数据是否存在非授权访问以及修改，如果存在的话则会对用户发出警告。

一般情况下，这种利用计算机网络对计算机安全的检测都具备一定的规律。也就是说，通过长久以来针对计算机的检测经验，这套程序可以不通过检测而直接将模拟程序接入计算机，将过去的检测中出现频率最高的安全漏洞代入，以判断该设备是否具备与其相同的安全漏洞。

2. 基于主机的漏洞扫描

虽然基于主机的漏洞扫描和基于网络的漏洞扫描的原理大致相同，但是这种方法并不需要将计算机连接到网络，而是通过使用代理或者服务来分析计算机存在的安全漏洞以及计算机设备的安全指数。

第五章 新信息技术应用

第一节 云计算的应用

一、云计算基本概念

对于云计算，业界并没有统一的定义，不同的机构有不同的理解，但普遍认为它是并行处理、分布式计算、网格计算的发展，是由规模经济推动的一种大规模分布式计算模式。它通过虚拟化、分布式处理、在线软件等技术将数据中心的计算、存储、网络等基础设施以及其开发平台、软件等信息服务抽象成可运营、可管理的 IT 资源，然后通过互联网动态提供给用户，用户按实际使用数量进行付费。可以看出，云计算具有以下几个关键点：①由规模经济推动。②是一种大规模的分布式计算模式。③通过虚拟化实现数据中心硬件资源的统计复用。④能为用户提供包括软硬件设施在内的不同级别的 IT 资源服务。⑤可对云服务进行动态配置，按需供给，按量计费。

就像电力、煤气一样，云计算希望把计算、存储等 IT 资源，通过互联网这个管道输送给每个用户，使得用户拧开开关，就能获得所需的服务。云服务提供商通过虚拟化等技术把数据中心的 IT 资源集中起来，统计复用后提供给多个租户。为最大化经济效益，云计算要求数据中心最起码具备以下两个能力：①动态调配资源的能力，即按照实际情况动态增加或减少运行实例。②按用户实际使用的资源数量进行计费，例如根据实际使用的存储量和计算资源，按时、月、年等计费。按需供给、按量计费，一方面提高了数据中心的资源利用率；另一方面也降低了云企业用户的 IT 运营成本。

二、云服务分类

目前，普遍认为云计算服务可以分为基础设施即服务、平台即服务、软件即服务三类。IaaS 面向企业用户，提供包括服务器、存储、网络和管理工具在内的虚拟数据中心，可以帮助企业削减数据中心的建设成本和运维成本。PaaS 面向应用程序开发人员，提供简化的分布式软件开发、测试和部署环境，它屏蔽了分布式软件开发底层复杂的操作，使得开发人员可以快速开发出基于云平台的高性能、高可扩展的 Web 服务。SaaS 面向个人用户，提供各种各样的在线软件服务。这三类服务具有一定的层级关系，在数据中心的物理基础设施之上，IaaS 通过虚拟化技术整合出虚拟资源池，PaaS 可在 IaaS 虚拟资源池上进一步封装分布式开发所需的软件栈，SaaS 可在 PaaS 上开发并最终运行在 IaaS 资源池上。可见，IaaS、PaaS、SaaS 三种服务，几乎覆盖了整个 IT 产业生态系统。随着云计算的发展，IT 产业将面临新一轮的调整。

（一）IaaS

基础设施即服务（IaaS），是把计算、存储、网络及搭建应用环境所需的一些工具当成服务提供给用户，使得用户能够按需获取 IT 基础设施。它由计算机硬件、网络、平台虚拟化环境、效用计算计费方法、服务级别协议等组成。

IaaS 为用户提供按需付费的弹性基础设施服务，其核心技术是虚拟化，包括服务器、存储、网络的虚拟化以及桌面虚拟化等。虚拟化技术改变了 IT 平台的构建方式和 IT 服务的提供方式：其一，虚拟化技术能将一台物理设备动态划分为多台逻辑独立的虚拟设备，为充分复用软硬件资源提供了技术基础；其二，通过虚拟化技术能将所有物理设备资源形成对用户透明的统一资源池，并能按照用户需要生成不同配置的子资源，从而大大提高资源分配的弹性、效率和精确性。

（二）PaaS

平台即服务（PaaS），是把分布式软件的开发、测试和部署环境当作服务，通过互联网提供给用户。

PaaS 面向广大互联网应用开发者，其核心技术是分布式并行计算。PaaS 的技术范畴一直是业界讨论的热点。经典的 PaaS 定义仅指适用于特定应用的分布式并行计算平台（如 Google 和微软），这也是业界所高度关注的。以 Google 为例，它的分布式并行计算平台包含了分布式文件系统、分布式计算模型、分布式数据库、分布式同步机制和管理平台五个主要组件；广义的 PaaS 定义涵盖了更多的底层技术，只要这些技术符合云计算的四大特征。根据业务领域和技术类型的不同，PaaS 提供应用开发层面的服务有两种主流的实现模式：一种主要是面向广大互联网应用开发者，把端到端的分布式软件开发、测试、部署、运行环境以及复杂的应用程序托管当作服务，通过互联网提供给用户，其核心技术是分布式并行计算；另一种是面向电信增值应用开发者，把基于电信开放能力的增值应用开发、测试、部署以及应用发布和销售渠道作为服务，通过运营商的电信能力开放平台提供给用户。

PaaS 可以构建在 IaaS 的虚拟化资源池上，也可以直接构建在数据中心的物理基础设施之上。与 IaaS 只提供 IT 资源相比，PaaS 为用户提供了包括中间件、数据库、操作系统、开发环境等在内的软件栈，允许用户通过网络来进行远程开发、配置、部署应用，并最终在服务商提供的数据中心内运行。

从服务层级上看，PaaS 在 IaaS 之上，且在 SaaS 之下，实际上 PaaS 的出现要比 IaaS 和 SaaS 晚。某种程度上说，PaaS 是 SaaS 发展的一种必然结果，它是 SaaS 企业为提高自己的影响力、增加用户黏度而做出的一种努力和尝试。SaaS 企业把支撑应用开发的平台发布出来，软件开发商根据自身需求，利用平台提供的能力在线开发、部署，然后快速推出自己的 SaaS 产品和应用。

（三）SaaS

软件即服务（SaaS），是一种基于互联网来提供软件服务的应用模式，它通过浏览器把服务器端的程序软件传给千万用户，供用户在线使用。SaaS 提供商为用户搭建信息化所需要的所有网络基础设施及软件、硬件运作平台，并负责所有前期的实施、后期的维护等一系列服务；而用户则根据自己的实际需要，向 SaaS 提供商租赁软件服务，无需购买软硬件、建设机房、招聘 IT 人员，即可通过互联网使用信息系统。SaaS 的实现方式主要有两种：一种是通过 PaaS 平台来开发 SaaS；另一种是采用多租户构架和元数据开发模式，来实现 SaaS 中各层的功能。

目前已经有相当多的企业在提供 SaaS 服务，其中最成功的当属 Salesforce 公司，它的在线 CRM、ERP 等业务的成功运营使其跻身成为首家年度收入达 10 亿美元的云计算企业。GoogleDocs 是 Google 在 SaaS 领域的重要尝试，它的简易操作、低成本和协同工作的方便性，使得越来越多的企业和个人开始为之放弃微软 Office 应用程序。

三、云计算关键技术及其应用与发展

虚拟化技术、分布式技术、在线软件技术和运营管理技术是云计算的关键技术，是开展云服务的基础。

（一）虚拟化

1. 主要的虚拟化技术

虚拟化是将底层物理设备与上层操作系统、软件分离的一种去耦合技术，它通过软件或固件管理程序构建虚拟层并对其进行管理，把物理资源映射成逻辑的虚拟资源，对逻辑资源的使用与物理资源相差很少或者没有区别。虚拟化的目标是实现 IT 资源利用效率和灵活性的最大化。实际上，虚拟化是云计算相对独立的一种技术，具有悠久的历史。从最初的服务器虚拟化技术，到现在的网络虚拟化、文件虚拟化、存储虚拟化，业界已经形成了形式多样的虚拟化技术。云计算的持续走热，更是促进了虚拟化技术的广泛应用。

（1）服务器虚拟化

服务器虚拟化也称系统虚拟化，它把一台物理计算机虚拟化成一台或多台虚拟计算机，各虚拟机间通过被称为虚拟机监控器（VMM）的虚拟化层共享CPU、网络、内存、硬盘等物理资源，每台虚拟机都有独立的运行环境。虚拟机可以看成是对物理机的一种高效隔离复制，要求同质、高效和资源受控。同质说明虚拟机的运行环境与物理机的环境本质上是相同的；高效指虚拟机中运行的软件需要有接近在物理机上运行的性能；资源受控指VMM对系统资源具有完全的控制能力和管理权限。一般来说，虚拟环境由三个部分组成：硬件、VMM和虚拟机。VMM取代了操作系统的位置，管理着真实的硬件。

对服务器的虚拟化主要包括处理器（CPU）虚拟化、内存虚拟化和I/O虚拟化三部分，部分虚拟化产品还提供中断虚拟化和时钟虚拟化。CPU虚拟化是VMM中最核心的部分，通常通过指令模拟和异常陷入实现。内存虚拟化通过引入客户机物理地址空间实现多客户机对物理内存的共享，影子页表是常用的内存虚拟化技术。I/O虚拟化通常只模拟目标设备的软件接口而不关心硬件具体实现，可采用全虚拟化、半虚拟化和软件模拟几种方式。

按VMM提供的虚拟平台类型可将VMM分为两类：①完全虚拟化，它虚拟的是现实存在的平台，现有操作系统无须进行任何修改即可在其上运行。②类虚拟化，虚拟的平台是VMM重新定义的，需要对客户机操作系统进行修改以适应虚拟环境。完全虚拟化技术又分为软件辅助和硬件辅助两类。按VMM的实现结构还可将VMM分为以下几类：① Hyper-vi-sor模型，该模型下VMM直接构建在硬件层上，负责物理资源的管理以及虚拟机的提供。②宿主模型，VMM是宿主操作系统内独立的内核模块，通过调用宿主机操作系统的服务来获得资源，VMM创建的虚拟机通常作为宿主机操作系统的一个进程参与调度。③混合模型，是上述两种模式的结合体，由VMM和特权操作系统共同管理物理资源，实现虚拟化。

（2）存储虚拟化

存储系统大致可分为直接依附存储系统（Directed Attached Storage，DAS）、网络附属存储（Network Attached Storage，NAS）和存储区域网络（Storage Area Network，SAN）三类。DAS是服务器的一部分，由服务器控制输入/输出，目前大多数存储系统属于这类。NAS将数据处理与存储分离开来，存储设备独立于主机安装在网络上，数据处理由专门的数据服务器完成。用户可以通过NFS或CIFS数据传输协议在NAS上存取文件、共享数据。SAN向用户提供块数据级的服务，是SCSI技术与网络技术相结合的产物，它采用高速光纤连接服务器和存储系统，将数据的存储和处理分离开来。SAN采用集中方式对存储设备和数据进行管理。

随着年月的积累，数据中心通常配备多种类型的存储设备和存储系统，这一方面加重了存储管理的复杂度，另一方面也使得存储资源的利用率极低。存储虚拟化应运而生，它通过在物理存储系统和服务器之间增加一个虚拟层，使物理存储虚拟化成逻辑存储，使用者只访问逻辑存储，从而实现对分散的、不同品牌、不同级别的存储系统的整合，简化了对存储的管理。通过整合不同的存储系统，虚拟存储具有如下优点：①能有效提高存储容量的利用率。②能根据性能差别对存储资源进行区分和利用。③向用户屏蔽了存储设备的物理差异。④实现了数据在网络上共享的一致性。⑤简化管理、降低了使用成本。

从系统的观点看，有三种实现虚拟存储的方法，分别是主机级虚拟存储、设备级虚拟存储和网络级虚拟存储。主机级虚拟存储主要通过软件实现，不需要额外的硬件支持。它把外部设备转化成连续的逻辑存储区间，用户可通过虚拟管理软件对它们进行管理，以逻辑卷的形式进行使用。设备级虚拟存储包含两方面内容：一是对存储设备物理特性的仿真。二是对虚拟存储设备的实现。仿真技术包含磁盘仿真技术和磁带仿真技术，磁盘仿真利用磁带设备来仿真实现磁盘设备，磁带仿真技术则相反，利用磁盘存储空间仿真实现磁带设备。虚拟存储设备的实现，是指将磁盘驱动器、RAID、SAN设备等组合成新的存储设备。设备级虚拟存储技术将虚拟化管理软件嵌入在硬件实现，可以提高虚拟化处理和虚拟设备I/O的效率，性能和可靠性较高，管理方便，但成本也高。

网络级虚拟存储是基于网络实现的，通过在主机、交换机或路由器上执行虚拟化模块，将网络中的存储资源集中起来进行管理。有三种实现方式：①基于互联设备的虚拟化，虚拟化模块嵌入到每个网络的每个存储设备中。②基于交换机的虚拟化，将虚拟化模块嵌入到交换机固件或者运行在与交换机相连的服务器上，对与交换机相连的存储设备进行管理。③基于路由器的虚拟化，虚拟化模块被嵌入到路由器固件上。网络存储是对逻辑存储的最佳实现。

（3）网络虚拟化

一般而言，在企业数据中心里网络规划设计部门往往会为单个或少数几个应用建设独立的基础网络，随着应用的升级，数据中心的网络系统变得十分复杂，这时需要引入网络虚拟化技术对数据中心资源进行整合。网络虚拟化有两种不同的形式，纵向网络分割和横向节点整合。当多种应用承载在一张物理网络上时，通过网络虚拟化的分割功能（纵向分割），可以将不同的应用相互隔离，使得不同用户在同一网络上不受干扰地访问各自不同应用。纵向分割实现对物理网络的逻辑划分，可以虚拟化出多个网络。对于多个网络节点共同承载上层应用的情况，通过横向整合网络节点并虚拟化出一台逻辑设备，可以提升数据中心网络的可用性及节点性能，简化网络架构。

对于纵向分割，在交换网络可以通过虚拟局域网（VLAN）技术来区分不同业务网段，在路由环境下可以综合使用VLAN、MPLS-VPM、Multi-VRF等技术实现对网络访问的隔离。在数据中心内部，不同逻辑网络对安全策略有着各自独立的要求，可通过虚拟化技术将一台安全设备分割成若干逻辑安全设备，供各逻辑网络使用。横向整合主要用于简化数据中心网络资源管理和使用，它通过网络虚拟化技术，将多台设备连接起来，整合成一个联合设备，并把这些设备当作单一设备进行管理和使用。通过虚拟化整合后的设备组成了单一逻辑单元，在网络中表现为一个网元节点，这在简化管理、配置、可跨设备链路聚合的同时，简化了网络架构，进一步增加了冗余的可靠性。网络虚拟化技术为数据中心建设提供了一个新标准，定义了新一代网络架构。它能简化数据中心运营管理，提高运营效率；实现数据中心的整体无环设计；提高网络的可靠性和安全性。端到端的网络虚拟化，通过基于虚拟化技术的二层网络，能实现跨数据中心的互联，有助于保证上层业务的连续性。

2. 虚拟化技术应用

虚拟化经过多年的发展，已经出现很多成熟产品。在VMware、Microsoft等主流虚拟化厂家的推动下，虚拟化产品以其在资源整合以及节能环保方面的优势被广泛应用在各领域。对于日趋庞大的企业数据中心，虚拟化能够整合数据中心的IT资源，最大化资源的利用率，简化数据中心的运维管理。对于IDC业务，引入虚拟化能够降低服务提供的粒度，提高资源的利用率和业务开展的灵活性。对云计算而言，虚拟化是必不可少的一项技术，可以说，是虚拟化的成熟，使得基于大规模服务器群的云计算变为可能。虚拟化是开展IaaS云服务的基础。

（1）企业数据中心整合

企业IT规划部门在设计数据中心时，为简化运维，常常将每个业务部署在单独的服务器上，随着业务的增长，数据中心应用系统日趋复杂，服务器数量也越来越庞大。与此同时，服务器的利用率却参差不齐，有的服务器平均利用率不足百分之十，有的服务器则因访问过量而拥塞崩溃。这使得数据中心变得难以管理，IT资源浪费严重，投资无法精细控制。虚拟化能够整合数据中心的IT基础资源，简化数据中心的运维管理。引入虚拟化后，企业数据中心将获得以下几方面的优势：①将多台服务器整合到一台或少数几台服务器上，减少服务器数量。②在单一服务器平台上运行多个应用，极大提升资源的利用率。③实现数据中心资源的集中和自动化管理，降低 IT 运维成本。④避免了旧系统的兼容问题，免除了系统维护和升级等一系列问题。虚拟化技术的引入，有助于构建环保、节能、高效、绿色的新一代数据中心。

（2）IDC 整合

IDC 是中国电信的传统业务，发展至今，遭遇了来自业务领域的瓶颈和来自技术领域的挑战。在业务方面，IDC 业务以空间、带宽、机位等资源出租为主，不同运营商间差异不大，缺乏特色；业务运营密度低，单服务器运行单一业务，导致盈利也低。主机业务面临虚拟主机业务密度高收益低，独立主机收益高密度低的矛盾。在技术方面，IDC 资源利用率低，闲置率高，超过 90% 的服务器在 90% 的时间中 CPU 使用率不足 10%，出现一些应用资源过剩，另一些应用资源不足的矛盾。IDC 在管理维护方面也存在困难，维护响应支持时间长、操作慢，备份恢复困难，无集中灾备。在业务和技术双重需求下，IDC 急需引入虚拟化技术。

引入虚拟化技术，IDC 资源的分割力度将由原来以服务器为单位转变为以虚拟机为单位，单一服务器平台可以运行多个互相独立的业务，供不同客户使用。虚拟化的引入，还将丰富 IDC 的业务模式。虚拟化能给 IDC 带来以下几方面的改进：①降低 IDC 的运营成本，包括管理、硬件、基础架构、电力、软件方面。②提升现有基础架构的价值。③提升 IT 基础设施的灵活性，以应用为单位实现资源的动态分配；④提高 IDC 的服务保障质量，提供快速的灾备 / 恢复、轻松的集群配置和高可靠性部署，降低系统升级和更新导致的服务器宕机时间；⑤提供更为轻松的自动化和管理功能。虚拟 IDC 被认为是传统 IDC 业务的发展趋势，它将在业务创新、安全运营、高效管理、绿色节能等方面带来良好的竞争优势。

（3）IaaS 云服务

虚拟化也是开展 IaaS 云服务的基础，IaaS 把计算、存储、网络等 IT 基础设施通过虚拟化整合和复用后，通过互联网提供给用户。对云计算中心而言，虚拟化是 IT 设施的基础架构。在提供 IaaS 服务之前，云提供商需采用虚拟化技术将计算、存储、网络、数据库等 IT 基础资源虚拟化成相应的逻辑资源池。这样可以带来几方面的好处：①把逻辑资源同时提供给多个租户，实现资源的统计复用，可以最大化数据中心 IT 资源的使用率。②基于虚拟资源的动态调配，可以方便地解决数据中心资源分配不均衡的问题。③以虚拟资源为单位提供给客户使用，提高了资源的灵活性。④虚拟化整合了数据中心的服务器、存储系统、网络平台，减少了数据中心的物理设备数量，降低数据中心的复杂度。⑤计算、存储、网络等资源独立管理，简化了运维难度。⑥虚拟化技术本身具有的负载均衡、虚拟机动态迁移、故障自动检测等特性，有助于实现数据中心的自动化智能管理。当虚拟化技术将闲散的物理资源集中和管理起来后，IaaS 云服务提供商就可以考虑如何将这些抽象的虚拟资源提供给用户，以创造经济效益。

3. 虚拟化现状和趋势

虚拟化并不是一项新技术，实际上它已经存在在 40 多年，由最初大型机系统的时分共享，到现在成熟的数据中心整合和自动化技术。服务于数据中心的虚拟化技术经历了三个阶段的发展：第一阶段以技术为中心，目的是整合数据中心的 IT 资源，包括服务器、应用、存储等，主要应用于测试和开发领域。第二阶段以服务为中心，目的是构建共享式的基础架构，供多种业务同时使用，服务器整合和高可用性桌面整合是主要应用。第三阶段是以业务为中心，目的是构建适应性的基础架构，实现数据中心统一的、自动化的管理。

经过多年的发展，已经出现了许多成熟的虚拟化产品，这些虚拟化产品各有侧重，共同完成数据中心服务器、存储、网络的虚拟化。

在存储虚拟化方面，业界尚未形成虚拟化标准，存储厂商根据自己掌握的核心技术来提供虚拟存储解决方案。

在网络虚拟化方面，各网络设备制造商都有自己成套的解决方案，一些网络虚拟化技术也已成为标准，如 VLAN、MPLS-VPN、Multi-VRF 等。

随着虚拟化技术的不断进步，跨平台的虚拟化管理工具和嵌入式管理程序的出现，协议和标准的成熟以及虚拟化产品价格的下降，虚拟化技术在 IT 业界得到了前所未有的发展和认可。虚拟化已在服务器领域取得了一定的成功，逐渐占领服务器市场，未来虚拟化将逐渐走向桌面、用户 PC 和应用。

（二）分布式处理

分布式处理是信息处理的一种方式，是与集中式处理相对的一个概念，它通过通信网络将分散在各地的多台计算机连接起来，在控制系统的管理控制下，协调地完成信息处理任务。分布式处理常用于对海量数据进行分析计算，它把数据和计算任务分配到网络上不同的计算机，这些计算机在控制器的调度下共同完成计算任务，在设备性能大幅提升的今天，分布式处理的性能主要取决于数据和控制的通信效率。

分布式处理是云计算的一个关键环节，它可以部署在虚拟化之上，解决云计算数据中心大规模服务器群的协同工作问题，由分布式文件系统、分布式计算、分布式数据库和分布式同步机制四部分组成。在云计算出现以前，业界就不乏对分布式处理的理论研究和系统实现。

1. 主要的分布式处理技术

一个完整的计算机系统由计算机硬件、数据和程序逻辑组成，对于分布式处理而言，计算机硬件由云计算数据中心各服务器、存储和网络设施组成，这些设施可以是虚拟化后的逻辑资源，数据则存放在分布式文件系统或分布式数据库中，程序逻辑由分布式计算模型定义。当分布在网络的计算机访问相同的资源时，可能会引起资源冲突，因此需要引入并发控制机制，解决分布式同步问题。

（1）分布式文件系统

文件系统是共享数据的主要方式，是操作系统在计算机硬盘上存储和检索数据的逻辑方法，这些硬盘可以是本地驱动器，也可以是网络上使用的卷或存储区域网络（SAN）上的导出共享。通过对操作系统所管理的存储空间进行抽象，文件系统向用户提供统一的、对象化的访问接口，屏蔽了对物理设备的直接操作和资源管理。

分布式文件系统是分布式计算环境的基础架构之一，它把分散在网络中的文件资源以统一的视点呈现给用户，简化了用户访问的复杂性，加强了分布系统的可管理性，也为进一步开发分布式应用准备了条件。分布式文件系统建立在客户机/服务器技术基础之上，由服务器与客户机文件系统协同操作。控制功能分散在客户机和服务器之间，使得诸如共享、数据安全性、透明性等在集中式文件系统中很容易处理的事情变得相当复杂。文件共享可分为读共享、顺序写共享和并发写共享，在分布式文件系统中顺序写需要解决共享用户的同一视点问题，并发写则需要考虑中间插入更新导致的一致性问题。在数据安全性方面，需要考虑数据的私有性和冲突时的数据恢复。透明性要求文件系统给用户的界面是统一完整的，至少需要保证位置透明、并发访问透明和故障透明。此外，扩展性也是分布式文件系统需要重点考虑的问题，增加或减少服务器时，分布式文件系统应能自动感知，而且不对用户造成任何影响。

基于云数据中心的分布式文件系统构建在大规模廉价服务器群上，面临以下几个挑战：①服务器等组件的失效将是正常现象，需解决系统的容错问题。②提供海量数据的存储和快速读取。③多用户同时访问文件系统，需解决并发控制和访问效率问题。④服务器增减频繁，需解决动态扩展问题。⑤需提供类似传统文件系统的接口以兼容上层应用开发，支持创建、删除、打开、关闭、读写文件等常用操作。

以 Google GFS 和 Hadoop HDFS 为代表的分布式文件系统，是符合云计算基础架构要求的典型分布式文件系统设计。系统由一个主服务器和多个块服务器构成，被多个客户端访问，文件以固定尺寸的数据块形式分散存储在块服务器中。主服务器是分布式文件系统中最主要的环节，它管理着文件系统所有的元数据，包括名字空间、访问控制信息、文件到块的映射信息、文件块的位置信息等，还管理系统范围的活动，如块租用管理、孤儿块的垃圾回收以及块在块服务器间的移动。块服务器负责具体的数据存储和读取。主服务器通过心跳信息周期性地跟每个块服务器通信，给他们指示并收集他们的状态，通过这种方式系统可以迅速感知服务器的增减和组件的失效，从而解决扩展性和容错能力问题。

为保证系统的健壮性和可靠性，设置了辅助主服务器作为主服务器的备份，以便在主服务器故障停机时迅速恢复过来。

系统采取冗余存储的方式来保证数据的可靠性，每份数据在系统中保存 3 个以上的备份。为保证数据的一致性，对数据的所有修改需要在所有的备份上进行，并用版本号的方式来确保所有备份处于一致的状态。

客户端被嵌到每个程序里，实现了文件系统的 API，帮助应用程序与主服务器和块服务器通信，对数据进行读写。客户端不通过主服务器读取数据，它从主服务器获取目标数据块的位置信息后，直接和块服务器交互进行读操作，避免大量读写主服务器而形成系统性能瓶颈。在进行追加操作时，数据流和控制流被分开。客户端向主服务器申请租约，获取主块的标识符以及其他副本的位置后，直接将数据推送到所有的副本上，由主块控制和同步所有副本间的写操作。

与传统分布式文件系统相比，云基础架构的分布式文件系统在设计理念上更多地考虑了机器的失效问题、系统的可扩展性和可靠性问题，它弱化了对文件追加的一致性要求，强调客户机的协同操作。这种设计理念更符合云计算数据中心由大量廉价 pc 服务器构成的特点，为上层分布式应用提供了更高的可靠性保证。

（2）分布式数据库

分布式数据库是一组结构化的数据集，逻辑上属于同一系统，而物理上分散在用计算机网络连接的多个场地上，并统一由一个分布式数据库管理系统管理。与集中式或分散数据库相比，分布式数据库具有可靠性高、模块扩展容易、响应延迟小、负载均衡、容错能力强等优点。在银行等大型企业，分布式数据库系统被广泛使用。分布式数据库仍处于研究和发展阶段，目前还没有统一的标准。对分布式数据库来说，数据冗余并行控制、分布式查询、可靠性等是设计时需主要考虑的问题。数据冗余是分布式数据库区别于其他数据库的主要特征之一，它保证了分布式数据库的可靠性，也是并行的基础。有两种类型的数据重复：①复制型数据库，局部数据库存储的数据是对总体数据库全部或部分复制。②分割型数据库，数据集被分割后存储在每个局部数据库里。冗余保证了数据的可靠性，但也增加了数据一致性问题。由于同一数据的多个副本被存储在不同的节点里，对数据进行修改时，须确保数据所有的副本都被修改。这时，需要引入分布式同步机制对并发操作进行控制，最常用的方式是分布式锁机制以及冲突检测。在分布式数据库中，由于节点间的通信使得查询处理的时延大，另一方面各节点具有独立的计算能力，又使并行处理查询请求具有可行性。因此，对分布式数据库而言，分布式查询或称并行查询是提升查询性能的最重要手段。可靠性是衡量分布式数据库优劣的重要指标，当系统中的个别部分发生故障时，可靠性要求对数据库应用的影响不大或者无影响。

基于云计算数据中心大规模廉价服务器群的分布式数据库同样面临以下几个挑战：①组件的失效问题，要求系统具备良好的容错能力。②海量数据的存储和快速检索能力。③多用户并发访问问题。④服务器频繁增减导致的可扩展性问题。

（3）分布式计算

分布式计算是让几个物理上独立的组件作为一个单独的系统协同工作，这些组件可能指多个 CPU，或者网络中的多台计算机。它做了如下假定：如果一台计算机能够在 5 秒钟内完成一项任务，那么 5 台计算机以并行方式协同工作时就能在 1 秒钟内完成。实际上，由于协同设计的复杂性，分布式计算并不都能满足这一假设。对于分布式编程而言，核心的问题是如何把一个大的应用程序分解成若干可以并行处理的子程序。有两种可能处理的方法，一种是分割计算，即把应用程序的功能分割成若干个模块，由网络上多台机器协同完成；另一种是分割数据，即把数据集分割成小块，由网络上的多台计算机分别计算。对于海量数据分析等计算密集型问题，通常采取分割数据的分布式计算方法，对于大规模分布式系统则可能同时采取这两种方法。

大型分布式系统通常会面临如何把应用程序分割成若干个可并行处理的功能模块，并解决各功能模块间协同工作的问题。

基于 C/S 架构的分布式系统可借助中间件技术解决各模块间的协同工作问题。中间件是分布式系统中介于操作系统与分布式应用程序之间的基础软件，它屏蔽了底层环境的复杂性，有助于开发和集成复杂的应用软件。通过中间件，分布式系统可以把数据转移到计算所在的地方，把网络系统的所有组件集成为一个连贯的可操作的异构系统。

基于web体系架构的分布式系统，或称web Service，是位于Internet上的业务逻辑，可以通过基于标准的 Internet 协议进行访问。web 服务建立在 XML 上，具有松散耦合、粗粒度、支持远程过程调用 RPC、同步或异步能力、支持文档交换等特点。web service 模型是一个良好的、高度分布的、面向服务的体系结构，它采用开放的标准，支持不同平台和不同应用程序的通信，是未来分布式体系架构的发展趋势。

（4）分布式同步机制

在分布式系统中，对共享资源的并行操作可能会引起丢失修改、读脏数据、不可重复读等数据不一致问题，这时需要引入同步机制，控制进程的并发操作。有几种常用的并发控制方法：①基于锁机制的并发控制方法。②基于时间戳的并发控制方法。③乐观并发控制方法。④基于版本的并发控制方法。⑤基于事务类的并发控制方法。对于由大规模廉价服务器群构成的云计算数据中心而言，分布式同步机制是开展一切上层应用的基础，是系统正确性和可靠性的基本保证。

2. 分布式处理技术应用

经过多年的发展，分布式处理已逐渐成为一项基本的计算机技术，被广泛应用在各行业大型系统的构建中，包括虚拟现实、金融业、制造业、地理信息、网络管理等。它基于网络，充分利用分散在各地的闲散计算机资源，具有大规模、高效率、高性能、高可靠性等优点。对于构建在大规模廉价服务器群上的云计算而言，分布式处理更是必不可少的一项技术，它是 PaaS 云服务的内容，也是提供 SaaS 服务的基础。

PaaS 云服务把分布式软件开发、测试、部署环境当作服务提供给应用程序开发人员，分布式环境成为服务提供的内容。因此要开展 PaaS 云服务，首先需要在云计算数据中心架设分布式处理平台，包括作为基础存储服务的分布式文件系统和分布式数据库、为大规模应用开发提供的分布式计算模式以及作为底层服务的分布式同步设施。其次，需要对分布式处理平台进行封装，使之能够方便地为用户所用，包括提供简易的软件开发环境 SDK、提供简单的 API 编程接口、提供软件编程模型和代码库等。

分布式处理技术也是提供 SaaS 云服务的基础，这体现在两个方面。首先，分布式网络应用开发技术（这里指中间件技术和 web service 技术）是主要的在线软件技术之一，许多作为 SaaS 服务运营的在线软件，都是基于分布式网络应用技术设计开发的。其次，部署在云计算数据中心的软件系统，需要借助分布式处理技术来协调整个系统的工作，以充分发挥服务器集群的作用。Salesforce 公司是在 SaaS 领域运营最为成功的企业，它的在线 CRM、ERP 等服务就是通过 web service 接口提供给用户的。

3. 分布式处理现状和发展趋势

随着计算机网络技术的发展和电子元器件性价比的不断提升，分布式处理技术逐渐得到各行业的广泛关注和普遍应用。它通过有效调动网络上成千上万台计算机的闲置处理资源及存储资源，来组成一台虚拟的超级计算机，为超大规模计算事务提供强大的计算能力。最早，分布式处理技术主要用在科研领域和工程计算中，通过征用志愿者的闲散处理器及存储资源，来共同完成科学计算任务。随着 Internet 的迅速发展和普及，分布式计算成为网络发展的主流趋势，中间件技术、web service网格、移动Agent等分布式技术的出现，更是推动了分布式技术的应用，越来越多的大型应用系统都基于分布式技术来构建，以期在性能、可靠性、可扩展性方面取得最佳成果。

目前网络上的分布式应用系统主要采取三层或多层C/S架构，并借助中间件技术进行系统集成。基于标准的Internet协议的web service技术，以其开放标准和良好的平台兼容性，逐渐得到业界的关注和认可，也被认为是未来分布式体系架构的发展趋势。随着云计算的持续走热，作为云计算基础技术之一的分布式处理技术，必将得到越来越多的重视和研究。分布式处理技术将根据云计算数据中心高带宽、由大规模廉价服务器群组成的特点，在容错性、可靠性和可扩展性方面做出更多的考虑。此外，分布式处理作为PaaS的服务内容，将随着互联网应用的发展，在计算模式、存储形式等方面有所改进和完善。SaaS在线软件运营行业的发展，将促进中间件和web service技术这些分布式应用技术的发展和应用。为应对SaaS大规模运营的需求，分布式技术将在健壮性、兼容性和性能方面做出改进。虽然分布式处理技术已经发展多年，但是业内并没有形成相关的标准。云计算的发展成熟，有利于促进分布式处理技术行业标准的形成。

（三）在线软件

在线软件技术是我们对SaaS服务构建技术的统称。SaaS的实现方式主要有两种，一种是通过PaaS平台来开发SaaS。PaaS平台提供了一些开发应用程序的环境和工具，我们可以在线直接使用它们来开发SaaS应用。

1. 主要在线软件技术

（1）多租户架构

多租户架构是一种软件开发架构，采用这种方式开发的应用软件，可以同时处理多个用户的请求。作为SaaS的核心技术之一，不同的机构从不同的角度对其进行了定义。

实现多租户构架的关键是解决数据存储的问题，保证不同租户之间数据和配置的隔离，以保证每个租户数据的安全与隐私。目前，在SaaS设计中multi-tenancy在数据存储上主要有三种解决方案：①独立数据库。每个客户的数据单独存放在一个独立数据库，从而实现数据隔离。②共享数据库单独模式。客户使用同一数据库，但各自拥有一套不同的数据表组合存在于其单独的模式之内。③共享数据库共享模式。用一个数据库和一套数据表来存放所有客户的数据。

可以通过物理隔离、虚拟化和应用支持的multi-tenancy来实现上述三种方案。物理分隔法为每个用户配置其独占的物理资源，安全性和扩展性都很好，但硬件成本较高。虚拟化方法通过虚拟技术实现物理资源的共享和用户的隔离。应用支持的multitenancy 采用应用池或共享应用实例的方式实现用户隔离。

采用多租户构架能够增强软件的可靠性和可扩展性、降低维护和升级成本。目前业内主要采用应用支持的 multi-tenancy 这种方式。

（2）元数据开发模式

SaaS 主要用元数据的开发模式来实现软件的可配置性。元数据开发模式与多租户架构、Struts 技术相配合，能很好地解决软件扩展性、可配置性以及多用户效率问题。整个应用程序由元数据来描述，元数据就是命令指示，描述了应用程序如何运行的各个方面。如果客户想定制应用程序，可以创建及配置新的元数据，以描述新的屏幕、数据库字段或所需行为。

元数据以非特定语言的方式描述在代码中定义的每一类型和成员。它可能存储以下信息：程序集的说明，标识（名称、版本、区域性、公钥），导出的类型，依赖的其他程序集，运行所需的安全权限，类型的说明，名称、可见性、基类和实现的接口，成员（方法、字段、属性、事件、嵌套的类型），属性，修饰类型和成员的其他说明性元素等。使用元数据开发模式，可以提高应用程序开发人员的生产效率，提高程序的可靠性，具有良好的功能扩展性。

作为“描述数据的数据”，元数据是一种对信息资源进行有效组织、管理、利用的基础和工具。在 SaaS 模式的服务行业中，元数据被广泛应用，例如，Salesforce.com 通过采用元数据的开发模式，把应用程序的基本功能（选项卡、链接等）以元数据的形式存储在数据库中，这样当用户在 SaaS 平台上选择自己的配置时，SaaS 系统就会根据用户的设置，把相应的元数据组合并呈现在用户的界面上。

2. 在线软件技术应用

一个完整的SaaS系统包含用户界面层（视图层）、控制层、业务逻辑层和数据访问层。用户界面层封装系统界面和用户接口，用于对业务逻辑层的显示。控制层封装系统的调度工作，在用户界面层和业务逻辑层之间起到沟通的作用，负责收集用户在视图上的输入，并转发给业务逻辑层进行处理。这样业务逻辑层和用户界面层之间可以做到松散耦合，彼此可以不知道对方的存在。业务逻辑层封装系统的核心运算逻辑，用于处理用户请求的数据。数据访问层将业务逻辑层和控制层对数据管理方面的内容独立出来，负责对数据库的操作，包括数据结构的管理、数据存取、物理数据结构和逻辑数据结构间的转换。数据访问层对物理数据源的访问行为进行了有效的封装，无论是业务逻辑层、用户界面层，还是控制层都不必关心数据源的构造及其存取方式，只需对数据访问层返回的逻辑数据进行操作即可。

3. 在线软件技术现状和发展趋势

SaaS 是一种新型的软件模式，在这种模式下，软件以服务的形式开放在互联网上。这一方面方便了用户，使得用户无需购买软硬件资源即可在线使用软件服务，降低了软件的使用成本和风险；另一方面对软件提供商而言，也免去了维护多个软件版本的问题，可以快速推广服务，提高服务质量。因此，SaaS 获得了业界越来越多的重视，甚至被认为是未来软件提供的主要方式。与 SaaS 服务相关的在线软件技术，也在不断地发展与完善。

与传统模式相比，在线软件面临以下几个挑战：①以面向服务的方式构建软件。②软件和数据暴露在互联网上，面临严峻的安全威胁。③用户共享服务，需解决数据隔离问题。④多用户访问，并发压力大。⑤需解决海量数据的存储和检索问题。⑥系统需具有通用性和可配置性。⑦服务具有多样性、实时性。⑧系统具有高度可扩展性。这些问题，都需要在系统设计和构建时做出考虑。

为更好地服务于 SaaS，在线软件技术正朝海量数据存取、大用户量访问、高性能、高可扩展等方面努力。安全可信的 SaaS 平台建设，也引发了业内越来越多企业的关注。

（四）运营管理

运营管理是云计算服务提供的关键环节，任何一项业务的成功开展都离不开运营管理系统的支撑。对于 IaaS 而言，当虚拟化技术将闲散的物理资源集中和管理起来后，IaaS 云服务提供商需要考虑如何将这些抽象的虚拟资源提供给用户，并从中创造经济效益。对 PaaS 而言，在云平台上部署分布式存储、分布式数据库、分布式同步机制和分布式计算模式等技术后，平台就具备了分布式软件开发的基本能力，PaaS 云服务提供商需要考虑如何将这个开发平台提供给用户，并解决与此相关的一系列问题。对 SaaS 而言，由于服务本身构建在互联网上，用户具备联网能力即可在线使用。不管哪一种服务的运营管理系统，都需要解决产品在运营过程中涉及的计费、认证、安全、监控等系统管理问题和用户管理。此外，针对业务特点的不同，各业务运营管理系统还需解决各自不同的问题。

IaaS 运营管理系统针对 IaaS 业务，一方面需对 IT 基础设施进行管理，包括屏蔽硬件差异、监控物理资源使用状态、动态分配虚拟资源等；另一方面还需提供与用户交互的接口，包括提供标准的 API 接口、提供虚拟资源的配置接口、提供服务目录供用户查找可用服务、提供实时监视和统计功能等。

PaaS 运营管理系统针对 PaaS 业务，要将整个平台作为服务提供给互联网应用程序开发者，需解决用户接口和平台运营相关问题。

在用户接口方面，包括提供代码库、编程模型、编程接口、开发环境等。代码库封装平台的基本功能如存储、计算、数据库等，供用户开发应用程序时使用。编程模型决定了用户基于云平台开发的应用程序类型，它取决于平台选择的分布式计算模型。对于PaaS服务来说，编程模型对用户必须是清晰的，用户应当很明确基于这个云平台可以解决什么类型的问题以及如何解决这类型的问题。PaaS提供的编程接口应该是简单的、易于掌握的，过于复杂的编程接口会降低用户将现有应用程序迁移至云平台，或基于云平台开发新型应用程序的积极性。提供开发环境SDK对运营PaaS来说不是必需的，但是，一个简单、完整的SDK有助于开发者在本机开发、测试应用程序，从而简化开发工作，缩短开发流程。GAE和Azure等著名的PaaS平台，都为开发者提供了基于各自云平台的开发环境。

在运营管理方面，PaaS运行在云数据中心，用户基于PaaS云平台开发的应用程序最终也将在云数据中心部署运营。PaaS运营管理系统需解决用户应用程序运营过程中所需的存储、计算、网络基础资源的供给和管理问题，需根据应用程序实际运行情况动态增加或减少运行实例。为保证应用程序的可靠运行，系统还需要考虑不同应用程序间的相互隔离问题，让它们在安全的沙盒环境中可靠运行。

云计算运营管理是一个复杂的问题，目前业界还未形成相关的标准，也没有可以拿来直接部署使用的系统，云服务提供商需各自实现。

第二节 物联网的应用

一、物联网概述

（一）物联网基本定义

物联网是通过条码与二维码、射频标签（RFID）、全球定位系统（GPS）、红外感应器、激光扫描器、传感器网络等自动标识与信息传感设备及系统，按照约定的通信协议，通过各种局域网、接入网、互联网将物与物、人与物、人与人连接起来，进行信息交换与通信，以实现智能化识别、定位、跟踪、监控和管理的一种信息网络。

（二）互联网、物联网与泛在网

1. 互联网的相关概念

（1）互联网

又称因特网，是一种将计算机通过连接形成的庞大网络，这些网络以一组通用的协议相连，形成逻辑上单一巨大的国际网络。这种将计算机网络连接在一起的方法可称作“网络互联”，在这基础上发展出覆盖全世界的全球性互联网络称“互联网”，即“互相连接在一起的网络”。

（2）物联网

原始含义是物与物相联结的网络。最早的物联网，实际上就是RFID网络，该概念最早来自美国麻省理工学院的Auto-ID中心研究人员。他们最早提出将RFID与互联网相结合，实现在任何地点、任何时间，对任何物品进行标识和管理。随之发展起来的如欧盟的产品电子代码EPC服务于物流领域，主要目的在于增加供应链的可视、可控性，偏重于对物品的识别及流动控制和管理。

（3）传感网

传感器网络的简称，通俗地讲，就是将传感器组成网络，形成网络的方式可以通过有线连接，更多是通过无线的方式组成网络。而传感器则是一种能够探测、感受外界的信号、物理条件（如光、热、湿度）或化学组成（如烟雾），并将探知的信息传递给其他装置的器件。传感器网络综合利用传感器技术、嵌入式技术、通信技术和分布式信息处理技术等，将分布在空间上的许多智能传感器节点通过无线通信方式组成一种多跳、无线自组织网络。这种网络能够通过节点间的协作实时监测、感知和采集网络分布区域内的各类物理或化学信息（如温度、湿度、光照度、声音、振动、压力、移动），并对这些信息进行处理，将获取的经过处理后的信息传送到需要这些信息的用户手中，此外还可以对监控系统直接进行控制。

（4）CPS

美国基金委员会近几年提出CPS（Cyber-Physical Systems）研究计划，该计划通过3C技术，即计算（computation）、通信（communication）和控制（control）的有机融合与深度协作，实现各种应用系统的实时感知、动态控制和信息服务。

（5）泛在传感网（USN）

国际电信联盟远程通信标准化组（ITU-T）提出泛在传感器网络概念（广义传感网），并阐述为通过传感器、执行器、RFID等对物理世界进行感知和标识，然后依靠网络将信息进行传输和互联，再进行信息处理和信息存储，最后实现具体应用。

（6）泛在网

泛在网又简称为U网络，指基于个人和社会的需求，利用现有的网络技术和新的网络技术，实现人与人、人与物、物与物之间按需进行的信息获取、传递、存储、认知、决策、使用等服务，网络超强的环境感知、内容感知及其智能性，为个人和社会提供泛在的、无所不含的信息服务和应用。泛在网络是在普适计算基础上衍生出来的。

普适计算或泛在计算，又称计算模式。这种新型的计算模式建立在分布式计算、通信网络、移动计算、嵌入式系统、传感器等技术的飞速发展和日益成熟的基础上，它体现了信息空间与物理空间的融合趋势，反映了人们对信息服务模式的更高需求——希望能随时、随地、自由地享用计算能力和信息服务，使人类生活的物理环境与计算机提供的信息环境之间的关系发生革命性改变。

泛在网络可以认为是普适计算或泛在计算的具体实现。建立一个泛在网络社会，首先要建立起能够实现人与人、人与计算机、计算机与计算机、人与物、物与物之间信息交流的泛在网络基础架构，然后在泛在网络基础之上加载让人们生活更加便利的各种应用。在泛在网络社会中，网络空间、信息空间和物理空间实现无缝连接，软件、硬件、系统、终端、内容、应用实现高度整合。现有的电信网、互联网和广电网之间；固定网、移动网和无线接入网之间；基础通信网、应用网和射频感应网之间都应该实现融合。即对于用户而言，能够感知到的是所需要的信息或服务，而不需要知道和关心正在使用的是什么类型的网络。

2. 几个概念之间的关系

物联网作为泛在网的一种具体应用，强调将物体（可以是对应的实际物体，也可以是抽象化了的虚拟物体）通过传感器、RFID 等进行感知，感知信息依靠网络（无线网络、有线网络等）相互联结，实现信息与人或物自动交互，最终使我们的环境变为不需要人类进行干预，并能为人类服务的智能化世界。

物联网还可以看作是互联网的拓展应用，是互联网的“最后一公里”，是信息化的深化和新的发展。如果说计算机和互联网带来的是信息化的“温饱”阶段，未来物联网的应用实现可看作是信息化“小康”阶段，将来信息化可能会向更加智慧化的泛在网的“发达”阶段迈进。

对于传感网、物联网与泛在网的关系，传感网可以看作是物联网的一部分，属于一种末端网络，具有低速率、短距离、低功耗、自组织组网的特性。而物联网与泛在网概念最为接近，可以看作是泛在网的一种实现形式，或者是将来的泛在网的一部分。不过，传感网正在向着泛在传感网方向发展，从这个意义上讲，传感网的概念比较接近物联网的概念。

对于互联网与物联网的关系，如果说区别，可以说互联网是为人而生，物联网是为物而生。互联网的产生是为了人通过网络交换信息，其服务的主体是人。而未来的物联网是为物而生，主要为了管理物，让物自主地交换信息，间接服务于人类。从信息的进化上讲，从人的互联，到物的互联，是一种自然的递进，本质上互联网和物联网都是人类智慧的物化而已，人的智慧对自然界的影响才是信息化进程的本质原因。

二、物联网的体系架构

物联网是物物相连的网络，各种物联网的应用依赖于物联网自动连接形成的信息交互网络而完成。物联网系统也可以比拟为一个虚拟的“人”，有类似眼睛和耳朵的感知系统，有信息传输的神经系统，有信息综合处理分析和管理的大脑系统，还有类似手脚去影响外界的执行应用系统。

物联网的体系架构一般分为三层：即感知层、网络层和应用层。也有的分为四层：感知层、传输层、服务管理层（也称智能层）和应用层。本质上讲这两种分法都是一样的。

（一）感知层

感知层主要用于实现对外界的感知，识别或定位物体，采集外界信息等。主要包括二维码标签、RFID 标签、读写器、摄像头、各种终端、GPS 等定位装置、各种传感器或局部传感器网络等。

（二）传输层

传输层主要负责感知信息或控制信息的传输，物联网通过信息在物体间的传输可以虚拟成为一个更大的“物体”，或者通过网络，将感知信息传输到更远的地方。传输层包括各种有线和无线组网技术、接入互联网的网关等。

（三）服务管理层

服务管理层主要用对感知层通过传输层传输的信息进行动态汇集、存储、分解、合并、数据分析、数据挖掘等智能处理，并为应用层提供物理世界所对应的动态呈现等。其中主要包括数据库技术、云计算技术、智能信息处理技术、智能软件技术、语义网技术等。

（四）应用层

应用层主要用于实现物联网的各种具体的应用并提供服务，物联网具有广泛的行业结合的特点，根据某一种具体的行业应用，应用层实际上依赖感知层、传输层和服务管理层共同完成应用层所需要的具体服务。

三、物联网的关键技术

物联网各种具体应用的实现要完成全面感知、可靠传输、智能处理、自动控制四个方面的要求，涉及较多的技术，主要有二维码技术、传感器技术、RFID 技术、红外感知技术、定位技术、无线通信与组网技术、互联网接入技术（如 IPv6 技术）、物联网中间件技术、云计算技术、语义网技术、数据挖掘、智能决策、信息安全与隐私保护、应用系统开发技术（如嵌入式开发技术、系统开发集成技术等）等。

物联网的关键技术与物联网的体系架构相对应，大致分为感知与识别技术、通信与组网技术和信息处理与服务技术三类技术。

（一）感知与识别技术

物联网的感知与识别技术主要实现对物体的感知与识别。感知与识别都属于自动识别技术，即应用一定的识别装置，通过被识别物品和识别装置之间的接近活动，自动地获取被识别物品的相关信息，并提供给后台的计算机处理系统来完成相关后续处理的一种技术。识别技术主要实现识别物体本身的存在，定位物体位置、移动情况等，常采用的技术包括射频识别技术如 RFID 技术、GPS 定位技术、红外感应技术、声音及视觉识别技术、生物特征识别技术等，感知技术主要通过在物体上或物体周围嵌入各类传感器，感知物体或环境的各种物理或化学变化等。

1. 射频识别 RFID 技术

射频识别(Radio Frequency Identification,RFID)是一种非接触的自动识别技术，利用射频信号及其空间耦合传输特性，实现对静态或移动物体的自动识别。RFID 技术可实现无接触的自动识别，具有全天候、识别穿透能力强、无接触磨损，可同时实现对多个物品的自动识别等诸多特点，将这一技术应用到物联网领域，使其与互联网、通信技术相结合，可实现全球范围内物品的跟踪与信息的共享，在物联网“识别”信息和近距离通信的层面中，起着至关重要的作用。另一方面，产品电子代码（EPC）采用 RFID 电子标签技术作为载体，大大推动了物联网的发展和应用。RFID 技术市场应用成熟，标签成本低廉，但 RF1D 一般不具备数据采集功能，多用来进行物品的甄别和属性的存储。

2. 传感器技术

传感器技术是一门涉及物理学、化学、生物学、材料科学、电子学以及通信与网络技术等多学科交叉的高新技术，而其中的传感器是一种物理装置，能够探测、感受外界的各种物理量（如光、热、湿度）、化学量（如烟雾、气体等）、生物量以及未定义的自然参量等。传感器是物联网信息采集的基础，是摄取信息的关键器件，物联网就是利用这些传感器对周围的环境或物体进行监测，达到对外“感知”的目的，以此作为信息传输和信息处理并最终提供控制或服务的基础。传感器将物理世界中的物理量、化学量、生物量等转化成能够处理的数字信号，一般需要将自然感知的模拟的电信号通过放大器放大后，再经模拟转化器转换成数字信号，从而被物联网所识别和处理。此外，物联网中的传感器除了要在各种恶劣环境中准确地进行感知，其低能耗和微小体积也是必然的要求。最近发展很快的 MEMS（Micro-Electro-Mechanical Systems）微电子机械系统技术是解决传感器微型化的一种关键手段，其发展趋势是将传感器、信号处理、控制电路、通信接口和电源等部件组成一体化的微型器件系统，从而大幅度地提高系统的自动化、智能化和可靠性水平。

另外，传感器技术正与无线网络技术相结合，综合传感器技术、纳米技术、分布式信息处理技术、无线通信技术等，使嵌入到任何物体的微型传感器相互协作，实现对监测区域的实时监测和信息采集，形成一种集感知、传输、处理于一体的终端末梢网络。

（二）通信与网络技术

物联网通信与组网技术实现物与物的连接。从信息化的视角看，物联网本质上就是实现信息化的一种新的流动形式，其主要内容包括：信息感知、信息收集、信息处理和信息应用。信息流动需要网络的存在（更进一步实现信息融合、信息处理和信息应用等），没有信息流动，物体和人就是孤立的，比如你看不到更大区域的整体信息或者更远处的具体信息等。

物体联网的实质是将物体的信息连接到网上，因此物联网中网络的作用在于使物体信息能够流通。信息的流通可以是单向的，比如我们可以监测一个区域的污染情况，污染信息流向信息终端。也可以是双向的，比如智能交通控制，既能够监测交通情况，又可以实现智能交通疏导。

对于物联网中的网络的形式，可以是有线网络、无线网络；可以是短距离网络和长距离网络；可以是企业专用网络、公用网络；还可以是局域网、互联网等。物联网的物体既可以通过有线网络将物体连接起来，比如飞机上的传感器可以使用有线网络将传感器连接起来；也可以使用无线联网，比如手机就是一种无线的联网方式。无线传感器网络也使用无线组网方式。物联网的网络可以是专用网络，比如企业内部网络，也可以是公用网络，比如将商店蔬菜的信息连接到互联网上，购买者就可以使用互联网完成蔬菜的溯源任务。对于实际的物联网应用也可以由上述网络组成一个混合网络。

对于物联网，无线网络具有特别的吸引力，比如不用部署线路并且特别适合于移动物体。无线网络技术丰富多样，根据距离不同，可以组成个域网、局域网和城域网。

其中利用近距离的无线技术组成个域网是物联网最为活跃的部分。这主要因为，物联网被称作是互联网的“最后一公里”，也称为末梢网络，其通信距离可能是几厘米到几百米之间，常用的主要有 Wi-Fi、蓝牙、ZigBee、RFID、NFC 和 UWB 等技术。这些技术各有所长，但低速率意味着低功耗、节点的低复杂度和更低的成本，结合实际应用需要可以有所取舍。在物流领域，RFID 以其低成本占据着核心地位。而在智能家居的应用中，ZigBee 逐步占据重要地位。但对于安防使用高清摄像的应用，Wi-Fi 或者直接连接到互联网可能是唯一的选择。

物联网的许多应用，比如比较分散的野外监测点、市政各种传输管道的分散监测点、农业大棚的监测信息汇聚点、无线网关、移动的监测物体（如汽车等）等，一般需要远距离的无线通信技术。常用的远距离通信技术主要有 GSM、GPRS、WiMAX、2G/3G/4G/5G 移动通信，甚至卫星通信等。从能耗上看，长距离无线通信比短距离无线通信往往具有更高的能耗，但其移动性和长距离通信使物联网具有更大的监测空间和更多有吸引力的应用。

从近距离通信网络到远距离通信网络往往会涉及连接到互联网的技术。使用新的网络技术，如 IPv6 可以给每一个物体分配一个 IP 地址，这意味着得到 IP 地址的节点要额外产生较大的能耗。但很多情况下可能不需要给每个物体分配一个 IP 地址，我们或许不关心每一个物体的情况，而仅仅关心多个物体所汇集的信息，一个区域的传感器节点可能仅仅需要一个网络接入点，比如使用一个网关。

（三）信息处理与服务技术

信息处理与服务技术负责对数据信息进行智能信息处理并为应用层提供服务。信息处理与服务层主要解决感知数据如何储存（如物联网数据库技术、海量数据存储技术）、如何检索（搜索引擎等）、如何使用（云计算、数据挖掘、机器学习等）、如何不被滥用（数据安全与隐私保护等）的问题。对于物联网而言，信息的智能处理是最为核心的部分。物联网不仅仅要收集物体的信息，更重要的在于利用这些信息对物体实现管理，因此信息处理技术是提供服务与应用的重要组成部分。

物联网的信息处理与服务技术主要包括数据的存储、数据融合与数据挖掘、智能决策、云计算、安全及隐私保护等。目前由于物联网处于发展的初级阶段，物联网的信息处理与服务还处于发展之中，对于大规模的物联网应用而言，海量数据的处理以及数据挖掘、数据分析正是物联网的威力所在，但这些目前还处于发展阶段的初期。

1. 云计算技术

云技术是处理大规模数据的一种技术，它通过网络将庞大的计算处理程序自动拆分成无数个较小的子程序，再交给多部服务器所组成的庞大系统，经计算分析之后将处理结果回传给用户。通过这项技术，网络服务提供者可以在数秒之内，达成处理数以千万计甚至亿计的信息，得到和超级计算机同样强大效能的网络服务。

云计算是分布式处理并行处理和网格计算的发展，或者说是这些计算机科学概念的商业实现。云计算通过大量的分布式计算机，而非本地计算机或远程服务器来实现，这使得用户能够将资源切换到需要的应用上，根据需求访问计算机和存储系统。

尽管物联网与云计算经常一同出现，但二者并不等同：云计算是一种分布式的数据处理技术，而物联网可以说是利用云技术实现其自身的应用。但物联网与云计算的确关系紧密。首先，物联网的感知层产生了大量的数据，因为物联网部署了数量惊人的传感器，如 RFID、视频监控等，其采集到的数据量很大。这些数据通过无线传感网、宽带互联网向某些存储和处理设施汇聚，使用云计算来承载这些任务具有非常显著的性价比优势。其次，物联网依赖云计算设施对物联网的数据进行处理、分析、挖掘，可以更加迅速、准确、智能地对物理世界进行管理和控制，使人类可以更加及时、精细地管理物质世界，大幅提高资源利用率和社会生产力水平，实现“智慧化”的状态。

因此，云计算凭借其强大的处理能力、存储能力和极高的性价比，成为物联网理想的后台支撑平台。反过来讲，物联网将成为云计算最大的用户，将为云计算取得更大商业成功奠定基石。

2. 智能化技术

物联网的智能化技术将智能技术的研究成果应用到物联网中，实现物联网的智能化。比如物联网可以结合智能化技术如人工智能等，应用到物联网中。物联网的目标是实现一个智慧化的世界，它不仅仅感知世界，关键在于影响世界，智能化地控制世界。物联网根据具体应用结合人工智能等技术，可以实现智能控制和决策。人工智能或称机器智能，是研究如何用计算机来表示和执行人类的智能活动，以模拟人所从事的推理、学习、思考和规划等思维活动，并解决需要人类的智力才能处理的复杂问题，如医疗诊断、管理决策等。

人工智能一般有两种不同的方式：一种是采用传统的编程技术，使系统呈现智能的效果，而不考虑所用方法是否与人或动物机体所用的方法相同，这种方法叫工程学方法；另一种是模拟法，它不仅要看效果，还要求实现方法也和人类或生物机体所用的方法相同或相似。

采用工程学方法，需要人工详细规定程序逻辑，在已有的实践中被多次采用。从不同的数据源（就包含物联网的感知信息）收集的数据中提取有用的数据，对数据进行滤除以保证数据的质量，将数据经转换、重构后存入数据仓库或数据集市，然后寻找合适的查询、报告和分析的工具与数据挖掘工具对信息进行处理，最后转变为决策。

模拟法应用于物联网的一个方向是专家系统，这是一种模拟人类专家解决领域问题的计算机程序系统，不但采用基于规则的推理方法，而且采用诸如人工神经网络的方法与技术。根据专家系统处理的问题的类型，把专家系统分为解释型、诊断型、调试型、维修型、教育型、预测型、规划型、设计型和控制型等类型。

另外一个方向为模式识别，通过计算机用数学技术方法来研究模式的自动处理和判读，如用计算机实现模式（文字、声音、人物、物体等）的自动识别。计算机识别的显著特点是速度快、准确性好、效率高，识别过程与人类的学习过程相似，可使物联网在“识别端”——信息处理过程的起点就具有智能性，保证物联网上的每个非人类的智能物体有类似人类的“自觉行为”。

3. 安全及隐私保护

物联网是一种虚拟网络与现实世界实时交互的系统，其特点是无处不在的数据感知、以无线为主的信息传输、智能化的信息处理。正如互联网上的安全问题一样，随着物联网的发展，安全问题摆在了重要位置。

与互联网不同，从物联网的信息处理过程来看，感知信息经过采集、汇聚、融合、传输、决策与控制等过程，整个信息处理的过程体现了物联网的安全特征与传统的网络安全存在着巨大的差异。

物联网一般涉及无线通信。由于无线信道的开放性，信号容易截取并破解干扰，并且物联网包含感知、传输信息、信息处理、控制应用等多个复杂的环节，因此物联网的安全保护更加复杂。一旦物联网的安全得不到保障，将是物联网发展的灾难。物联网也是双刃剑，在利用它好处的同时，我们的隐私也会由于物联网的安全性不够而暴露无遗，从而严重影响我们的正常生活。物联网实现对物体的监控，比如位置信息、状态信息等，而这些信息与我们人本身密切相关。如当射频标签被嵌入人们的日常生活用品中时，那么这个物品可能被不受控制地扫描、定位和追踪，这就涉及隐私问题，需要利用技术保障安全与隐私。

由物联网的应用带来的隐私问题，也会对现有的一些法律法规政策形成挑战，如信息采集的合法性问题、公民隐私权问题等。如果你的信息在任何一个读卡器上都能随意读出，或者你的生活起居信息、生活习性都可以被全天候监视而暴露无遗，这不仅仅需要技术来保障安全，也需要制定法律法规来保护物联网时代的安全与隐私。因此，在发展物联网的同时，必须对物联网的安全问题更加重视，保证物联网的健康发展。

对于物联网的安全，可以参照互联网所设计的安全防范体系，在传感层、网络传输层和应用层分别设计相应的安全防范体系。

（1）感知层的安全问题

在物联网的感知端，智能节点通过传感器提供感知信息，并且许多应用层的控制也在节点端实现。一旦节点被替换，感知的数据和控制的有效性都成了问题。如物联网的许多应用可以代替人来完成一些复杂、危险和机械的工作，所以物联网的感知节点多数部署在无人监控的场景中。而一旦攻击者轻易地接触到这些设备，并对它们造成破坏，甚至通过本地操作更换机器的软硬件等，从而破坏物联网的正常应用。因此，需要在感知层加以防范。此外，对于物联网而言，感知节点的另外一个问题是功能单一、能量有限，数据传输没有特定的标准，这也为提供统一的安全保护体系带来了障碍。

（2）网络传输的安全问题

处于网络末端的节点的传输和感知层的问题一样，节点功能简单，能量有限，使得它们无法拥有复杂的安全保护能力，这给网络传输层的安全保障带来困难。对于核心承载网络而言，虽然它具有相对完整的安全保护能力，但由于物联网中节点数量庞大，且常以集群方式存在。因此，对于事件驱动的应用，大量数据的同时发送可以致使网络拥塞，产生拒绝服务攻击。此外，现有通信网络的安全架构都是以人通信的角度设计的，对以物为主体的物联网需要建立新的传输与应用安全架构。

（3）服务及应用层的安全问题

物联网的服务及应用层是信息技术与行业应用紧密结合的产物，充分体现了物联网智能处理的特点，涉及业务管理、中间件、云计算、分布式系统、海量信息处理等部分。上述这些支撑平台要为上层服务管理和大规模行业应用建立起一个高效、可靠和可信的系统，而大规模、多平台、多业务类型使物联网业务层次的安全面临新的挑战。另外考虑到物联网涉及多领域多行业，海量数据信息处理和业务控制策略将在安全性和可靠性方面面临巨大挑战，特别是业务控制、管理和认证机制、中间件以及隐私保护等安全问题显得尤为突出。

从以上介绍可以看出，物联网的安全特征体现了感知信息的多样性、网络环境的多样性和应用需求的多样性，呈现出网络规模大和数据处理量大、决策控制复杂等特点，给物联网安全提出了新的挑战。并且物联网的信息安全建设是一个复杂的系统工程，需要从政策引导、标准制定、技术研发等多方面向前推进，提出坚实的信息安全保障手段，保障物联网健康、快速地发展。

4. 中间件技术

中间件是一种位于数据感知设施和后台应用软件之间的应用系统软件。中间件具有两个关键特征：一是为系统应用提供平台服务；二是需要连接到网络操作系统，并且保持运行工作状态。中间件为物联网应用提供一系列计算和数据处理功能，主要任务是对感知系统采集的数据进行捕获、过滤、汇聚、计算、数据校对、解调、数据传送、数据存储和任务管理，减少从感知系统向应用系统中心传送的数据量。同时，中间件还可提供与其他支撑软件系统进行互操作等功能。

从本质上看，物联网中间件是物联网应用的共性需求（如感知、互联互通和智能等层面），与信息处理技术，包括信息感知技术、下一代网络技术、人工智能与自动化技术等的聚合与技术提升。由于受限于底层不同的网络技术和硬件平台，物联网中间件主要集中在底层的感知和互联互通。一方面，现实的目标包括屏蔽底层硬件及网络平台差异，支持物联网应用开发、运行时共享和开放互联互通，保障物联网相关系统的可靠部署与可靠管理等内容；另一方面，由于物联网应用复杂度和应用的规模还处于初级阶段，物联网中间件支持大规模物联网应用还存在环境复杂多变、异构物理设备、远距离多样式无线通信、大规模部署、海量数据融合、复杂事件处理、综合运营管理等诸多仍未克服的困难。

四、物联网的应用与发展

（一）物联网在各个领域的应用

物联网具有行业应用的特征，具有很强的应用渗透性，可以运用到各行各业，大致可以分为三类：行业应用、大众服务、公共管理。具体细分，主要有城市居住环境、智能交通、消防、智能建筑、家居、生态环境保护、追溯、智能工业控制、智能电力、智能水利、精准农业、公共管理、智慧校园、公共安全、智能安防、军事安全等应用。

1. 智能工业

工业是物联网应用的重要领域，把具有环境感知能力的各类终端、基于泛在技术的计算模式、移动通信等融入工业生产的各个环节，将劳动力从烦琐和机械的操作中解放出来，可大幅提高工业制造效率，改善产品质量，降低产品成本和资源消耗，将传统工业提升到智能工业。物联网在工业领域的应用主要集中在以下几个方面。

（1）制造业供应链管理

物联网可以应用于企业原材料采购、库存、销售等领域，通过完善和优化供应链管理体系，提高供应链效率，降低成本。

（2）生产过程工艺优化

物联网通过对生产线过程检测、实时参数采集、生产设备监控、监测材料消耗，从而使生产过程的智能监控、智能控制、智能诊断、智能决策、智能维护水平不断提高。

（3）产品设备监控管理

通过各种传感技术与制造技术的融合，可以实现对产品设备的远程操作、设备故障的诊断。

（4）环保监测及能源管理

物联网与环保设备进行融合可以实现对工业生产过程中产生的各种污染源及污染治理各环节关键指标实现实时监控管理。

（5）工业安全生产管理

把感应器嵌入和装备到矿山设备、油气管道、矿工设备中，可以感知危险环境中工作人员、设备机器、周边环境等方面的安全状态信息，将现有分散、独立、单一的网络监管平台提升为系统、开放、多元的综合网络监管平台，实现实时感知、准确辨识、快捷响应、有效控制。

2. 智能农业

智能农业运用遥感遥测、全球定位系统、地理信息系统、计算机网络和农业专家信息系统等技术，与土壤快速分析、自动灌溉、自动施肥给药、自动耕作、自动收获、自动采后处理和自动储藏等智能化农机技术相结合，在微观尺度上直接与农业生产活动、生产管理相结合，创造新型的农业生产方式。物联网使农业生产的精细化、远程化、虚拟化、自动化成为可能，可以实现农业相关信息资源的收集、检测和分析，为农业生产者、农业生产流通部门、政府管理部门提供及时、有效、准确的资源管理和决策支持服务。物联网在农业领域的应用主要集中在以下几个方面。

（1）实现农产品的智能化培育控制

通过使用无线传感器网络和其他智能控制系统可以实现对农田、温室及饲养场等生态环境的监测，及时、精确地获取农产品信息，帮助农业人员及时发现问题，准确地锁定发生问题的位置，并根据参数变化适时调控诸如灌溉系统、保温系统等基础设施，确保农产品健康生长。

（2）实现农产品生产过程的智能化监控

物联网使农产品的流通过程及产品信息的可视化、透明化成为现实，如利用传感器对农产品生长过程进行全程监控和数据化管理；结合 RFID 电子标签对农产品进行有效、可识别的实时数据存储和管理。

（3）增强农业的生态功能

物联网可实现农产品生产规模化与精细化的协调，使规模化农产品可以精细化培育，规模化发展，在提高产量的同时保持多样性，实现农业的生态功能。

（4）食品安全追溯

农产品安全智能监控系统用于对农产品生产的全程监控，实现从原材料到成品，从产地到餐桌的全程供应链可追溯系统。

（5）农业设施智能管理系统

主要包括农业设施工况监测、远程诊断和服务调度以及智能远程操控实现无人作业等。

3. 智能物流

智能物流是指货物从供应者向需求者的智能移动过程，包括智能运输、智能仓储、智能配送、智能包装、智能装卸以及智能信息的获取、加工和处理等多项基本活动，一方面提供最佳的服务；另一方面消耗最少的资源，形成完备的智能社会物流管理体系。

物联网在物流业的发展由来已久，许多现代物流系统已经具备了信息化、数字化、网络化、集成化、智能化、柔性化、敏捷化、可视化、自动化等先进技术特征。很多物流系统和网络采用了最新的红外、激光、无线、编码、自动识别、定位、无接触供电、光纤、数据库、传感器、RFID、卫星定位等高新技术。

另外，利用传感技术、RFID 技术、声、光、机、电、移动计算等各项先进技术，建立全自动化的物流配送中心，建立物流作业智能控制和自动化操作的网络，可实现物流与生产联动，实现商流、物流、信息流、资金流的全面协同，实现整个物流作业与生产制造的自动化、智能化。

物联网在物流业的应用实质是与物流信息化进行整合，将信息技术的单点应用逐步整合成一个体系，整体推进物流系统的自动化、可视化、可控化、智能化、系统化、网络化发展，最终形成智慧物流系统。

4. 智能交通

智能交通系统（Intelligent Traffic System，ITS）是一种将先进的信息技术、数据通信传输技术、电子传感技术及计算机软件处理技术等进行有效的集成，运用于整个地面交通管理系统而建立在大范围内、全方位发挥作用的，高效、便捷、安全、环保、舒适、实时、准确的综合交通运输管理系统，同时也是一种提高交通系统的运行效率、减少交通事故、降低环境污染，信息化、智能化、社会化、人性化的新型交通运输系统。

智能交通已经研究多年，物联网技术的到来为智能交通的发展带来了新的动力。而最近迅速发展的“车联网”就是物联网结合智能交通发展的新范例，突出表现智能交通的发展将向以热点区域为主、以车为管理对象的管理模式转变。

作为智能交通的重要组成部分，车联网一般由车载终端、控制平台、服务平台和计算分析等四个部分组成。在车联网中，车载终端是非常重要的组成部分，它和汽车电子相结合，具有双向通信和定位功能。车联网将以智能技术和“云计算”技术作为支撑建立智能交通监控中心的数据管理、服务平台，以智能车路协同技术和区域交通协同联动控制技术实现智能控制。以车载移动计算平台和全路网动态信息服务为双向通信的移动传感车载终端，加上强大的数据存储、数据处理、决策支持的软件和数据库技术以及传感网、互联网、泛在网的网络环境下，对路况环境和车辆实施实时智能监控和智能管理。

另外，车联网可以根据网上交通流量、车辆速度、事故、天气、市政施工等情况进行精细统计分析，通过移动计算和中央计算实施制定管制预案和疏解方案，通过汽车电子信息网络，将指令或通告发送给汽车终端或现场指挥人员，对驶入热点区域的汽车进行差别计价收费，从而对交通流量进行控制调节和调度，达到畅通安全的目的。

5. 智能电网

智能电网就是电网的智能化（智电电力），也被称为“电网 2.0”，它是建立在集成的、高速双向通信网络的基础上，通过先进的传感和测量技术、先进的设备技术、先进的控制方法以及先进的决策支持系统技术的应用，实现电网的可靠、安全、经济、高效、环境友好和使用安全的目标，其主要特征包括自愈、激励和保护用户、抵御攻击、提供满足 21 世纪用户需求的电能质量、容许各种不同发电形式的接入、启动电力市场以及资产的优化高效运行。物联网技术的到来支撑了智能电网的发展，在电力设施监测、智能变电站、配网自动化、智能用电、智能调度、远程抄表等方面发挥重要作用，促进安全、稳定、可靠的智能电力网络的建设。

6. 智能环保

智能环保是“数字环保”概念的延伸和拓展，它是借助物联网技术，把感应器和装备嵌入各种环境监控对象（物体）中，通过超级计算机和云计算将环保领域物联网整合起来，可以实现人类社会与环境业务系统的整合，以更加精细和动态的方式实现环境管理和决策的智慧。物联网技术主要作用于污染源监控、水质监测、空气监测、生态监测等方面。同时，物联网技术也运用于建立智能环保信息采集网络和信息平台。

7. 智能安防

智能安防技术，指的是服务的信息化、图像的传输和存储技术，其随着科学技术的发展与进步和 21 世纪信息技术的腾飞已迈入了一个全新的领域，智能化安防技术与计算机之间的界限正在逐步消失。物联网技术主要作用于社会治安监控、危化品运输监控、食品安全监控，重要桥梁、建筑、轨道交通、水利设施、市政管网等基础设施安全监测、预警和应急联动等。

8. 智能家居

智能家居是以住宅为平台，利用综合布线技术、网络通信技术、安全防范技术、自动控制技术、音视频技术将与家居生活有关的设施集成，构建高效的住宅设施与家庭日程事务的管理系统，提升家居安全性、便利性、舒适性、艺术性，并实现环保节能的居住环境。物联网技术主要作用于家庭网络、家庭安防、家电智能控制、能源智能计量、节能低碳、远程教育等。

（二）物联网的发展

中国物联网之所以发展迅速就是因为可应用范围广泛、需求量大。目前已经从公共管理、社会服务渗透到企业市场、个人家庭，这个过程是呈现递进的趋势的，也表明物联网的技术越来越成熟。

不过，就目前物联网在我们国家的发展状况来看，产业链的形成依旧处于初级阶段，概念也不够成熟。最主要的是缺少一个完善的技术标准体系，整体的产业发展还在酝酿。在这之前 RFID 技术希望能够突破物流零售领域，但受到多种因素的影响而一直没能实现突破目标。主要是由于物流零售的产业链条过长、具体过程复杂、交易规模大、成本高，难以降低成本、难以获取大量的利润，这也是整个市场发展较慢的原因。而物联网能够满足公共管理服务的需求，政府应该大力推动物联网的发展。首先要把物联网带进市场，提出示范项目，之后物联网的涉及范围会越来越广，能够解决公共管理服务市场出现的问题、提出具体的解决方案，最终形成一个完整的产业链条，把整个市场集合起来带动大型企业的发展。物联网在各个行业的发展应用成熟后就能启动服务项目，完善具体的业务流程，最终形成一个完整的市场。

总结出更加成熟的应用方案，再把这些成熟的应用方案转化成标准体系，只有提出大的行业标准之后才能提出具体的技术标准，在不断的推进中形成完整的标准体系。物联网在发展的过程中会涉及多个行业、多个领域，应用不同的技术，总的来说涉及的范围非常广，如果只制定一套标准，是不可能适用在所有的行业中的。所以说互联网产业提出的标准必须覆盖面广，并且能够随着市场的发展逐渐改善。在这过程中，单一的技术不能为标准注入新鲜的活力，标准应该是有开放性的，要根据市场的大小不断地调整，这样才能够可持续发展。物联网在应用的过程中范围不断地扩大，哪一个行业的市场份额越多，与它相关的标准就越容易被人们认同。

随着应用的范围不断扩大，应用技术不断成熟，物联网在发展的过程中将会创造更多新的技术平台。我们可以说互联网的创新就是集合性的创新，因为一个单独的行业、单独的企业无法研发出成熟的技术，提出完整的方案，要想研发出技术成熟、方案完整的应用，应该和其他的行业企业联合起来，合作研发。也就是设备商提出具体的方案、运营商合作协同实现方案。随着技术产品的成熟完善，应用的范围也在不断地扩大，支持的设备也更多，能提供更多的服务，这也是物联网发展成熟的结果。相信在未来将会有更多的公共平台产生，而移动终端网络运营商等一些服务商都要在竞争的过程中重新寻找自己的优势，为自己定位。

第三节 3D 打印的应用

一、3D 打印的概念及材料

（一）3D 打印的概念

3D 打印，即增材制造，是一种基于三维 CAD 模型数据，通过增加材料逐层制造的方式进行产品制造的新工艺，其广泛应用于航空航天、生物医疗、汽车工业、商品制作等生产生活的各个领域。近年来，国内各界掀起了关注 3D 打印的热潮。《中国制造 2025 战略》中也多次强调指出要培育 3D 打印产业发展，并将 3D 打印技术列为我国未来智能制造的重点技术。

（二）3D 打印材料与设备

经过近 30 年的发展，3D 打印的技术类型也越来越丰富，在最初的基础上已经衍生出几十种打印技术。目前的 3D 打印技术不仅可以使用光敏树脂、ABS 塑料等原料进行打印，还可以使用铝粉、钛粉等金属粉末以及氧化铝、碳纤维等陶瓷粉末为原料进行打印；甚至还出现了以活细胞为原料的生物 3D 打印技术，这种技术已经在组织工程领域小范围使用，不同原材料所采用的 3D 打印成型工艺不同。

1. 高分子材料 3D 打印

适用于高分子材料 3D 打印的工艺有立体平版印刷技术（SLA）、选择性热烧结（SHS）、熔融沉积式成型（FDM）等。SLA 工艺是由 Charles Hull 于 1984 年获得美国专利并被 3D Systems 公司商品化，被公认为世界上研究最深入、应用最早的一种 3D 打印方法。它的基本原理是将液态光敏树脂倒进一个容器，液面上置有一台激光器，当电脑发出指令，激光器发射紫外光，紫外光照射液面特定位置，这一片形状的光敏树脂即发生固化。液态光敏树脂的液面在打印的过程中随固化的速度上升，使得紫外光照射的地方始终是液态树脂，最终经过层层累积，形成一定形状。可用于该工艺的材料主要为感光性的液态树脂，即光敏树脂。

SHS 打印技术类似于激光烧结，但在打印过程中不使用激光，而是一种热敏打印头。3D 打印机在粉末床上铺上一薄层塑料粉末，热敏打印头开始来回移动，并以打印头的热量融化对象区域。然后 3D 打印机再铺上一层新的粉末，热敏打印头继续对其加热，就这样逐层烧结，形成最终的 3D 打印对象。打印产品被未融化的粉末包围着，未使用的粉末 100% 可回收，而且不需要额外的辅助支撑材料。

FDM 工艺以美国 Stratasys 公司开发的 FDM 制造系统应用最为广泛，其基本原理是加热喷头在计算机的控制下，根据产品零件的截面轮廓信息，作 X-Y 平面运动，热塑性丝状材料由供丝机送至热熔喷头，并在喷头中加热和熔化成半液态，然后被挤压出来，有选择性地涂覆在工作台上，快速冷却后形成一层大薄片轮廓。一层截面成型完成后工作台下降一定高度，再进行下一层的熔覆，如此循环，最终形成三维产品零件。这种技术可以用于大体积物品的制造，成本也较低，设备技术难度较低；缺点是所生产的物品常常纵向的力学性能远小于横向的力学强度，且打印速度缓慢，产品表面质量也有待进一步提高。可用于该工艺的材料主要为便于熔融的低熔点材料，其中应用最为广泛的是 ABS、PC、PPSF、PLA 等。

2. 金属 3D 打印

适用于金属 3D 打印的工艺主要包括选择性激光烧结成型技术（SLS）、选择性激光熔化成型技术（SLM）、电子束熔化技术（EBM）、激光直接烧结技术（DMLS）等。

SLS 技术的原理是预先在工作台上铺一层粉末材料（金属粉末或非金属粉末），激光在计算机控制下，按照界面轮廓信息，对实心部分粉末进行烧结，然后不断循环，层层堆积成型。与 SLM 技术不同，在打印金属粉末时 SLS 技术在实施过程中不会将温度加热到使金属熔化。SLM 技术的基本原理是激光束快速熔化金属粉末，形成特定形状的熔道后自然凝固。SLM 技术所使用的材料多为单一组分金属粉末，包括奥氏体不锈钢、镍基合金、钛基合金、钴铬合金和贵重金属等。理论上只要激光束的功率足够大，可以使用任何材料进行打印。其优点是表面质量好，具有完全冶金结合，精度高，所使用的材料广泛。主要缺点是打印速度慢，零件尺寸受到限制，后期处理过程比较烦琐。该技术已较广泛地应用在航空航天、微电子、医疗、珠宝首饰等行业。

EBM 技术是一种较新的可以打印金属材料的 3D 打印技术。它与 SLS 或 SLM 技术最大的区别在于使用的热源不同，SLS 或 SLM 技术以激光作为热源，而 EBM 技术则以电子束为热源。EBM 技术在打印速度方面具有显著优势，所得工件残余应力也较小，但设备比较昂贵，耗能较多。

DMLS 技术是通过在基材表面添加熔覆材料，并利用高能密度的激光束使之与基材表面薄层一起熔凝的方法，一层一层将金属面堆积起来，达到金属部件直接成型。特点是激光熔覆层与基体为冶金结合，结合强度不低于原基体材料的 95%，并且对基材的热影响较小，引起的变形也小。适用于镍基、钴基、铁基合金、碳化物复合材料等。

3. 陶瓷 3D 打印

适用于陶瓷 3D 打印的工艺主要是三维打印技术（3DP）。3DP 技术与设备是由美国麻省理工学院（MIT）开发与研制的，使用的打印材料多为粉末材料，如陶瓷粉末等，这些粉末通过喷头喷涂黏结剂将零件的截面“印刷”在材料粉末上面。

4. 生物 3D 打印

适用于生物 3D 打印的工艺主要是细胞打印技术（CBP）。CBP 突破了传统组织工程技术空间分辨率低的局限性，可精确控制细胞的分布。在“细胞打印”过程中，细胞（或细胞聚集体）与溶胶（水凝胶的前驱体）同时置于打印机的喷头中，由计算机控制含细胞液滴的沉积位置，在指定的位置逐点打印，在打印完一层的基础上继续打印另一层。

二、3D 打印应用领域

3D 打印应用的领域广泛，3D 打印在下游应用行业和具体用途领域的分布反映了这一技术具有的优势和特点，同时也反映了这一技术的局限和在发展过程中尚需完善的地方。目前，应用领域排名前三的是汽车、消费产品和商用机器设备，分别占市场份额的 31.7%、18.4% 和 11.2%，可以预见，3D 打印在航空航天、医疗、汽车、文创教育等领域的发展空间巨大。

（一）航空航天领域

航空工业应用的 3D 打印主要集中在钛合金、铝锂合金、超高强度钢，然而，在现阶段，3D 打印技术对航空业的贡献，相对于每年约 5000 亿美元的行业产值而言显得微乎其微。主要应用包括：①无人飞行器的结构件加工。②生产一些特殊的加工、组装工具。③涡轮叶片、挡风窗体框架、旋流器等零部件的加工等。今后，3D 打印技术在未来航空领域的应用主要是在 3D 打印零部件的设计和私人飞行器的定制化发展。

（二）医疗领域

3D 打印相比传统制造业，一个区别在于其“个性化”特征。3D 打印最适合临床医学，因为每个病人要用的“零部件”，都必须个性化定制。3D 打印技术的引入，降低了定制化生产的医疗成本。近些年来，这一技术在医疗领域的使用比例持续上升。3D 打印技术在医疗领域的主要应用有以下方面：①修复性医学中的人体移植器官制造，假牙、骨骼、肢体等。②辅助治疗中使用的医疗装置，如齿形矫正器、助听器。③手术和其他治疗过程中使用的辅助装置，如在脊椎手术中，用于固定静脉的器械装置。

（三）汽车领域

随着我国经济的发展，我国已经是全球最大的汽车生产国和消费国，未来还有进一步的增长空间，这为3D打印在汽车行业的应用发展提供了广阔前景。3D打印技术生产的零部件在材料成形阶段具有很大的自由度，其生产的零部件生产耗时短并且品质有保证。目前，3D打印技术主要应用于需求频繁的小批量定制零部件或复杂零部件，如前期开发、整车验证和测试、概念车以及工具制造和操作设备领域。3D打印技术应用于汽车领域的潜力巨大，未来将应用于量产车型、个性化定制车型以及零配件供应等多个方面。

（四）文创教育领域

3D打印技术也可应用于传统文物保护与修复、生活用品的个性化定制、电影道具的快速生产等多个领域，例如3D打印技术以其“个性化定制”和“采集数据信息无需实际接触文物”等特点，已经可以被运用于文物修复和复制中，成为文物保护意识下最大降低修复与复制中文物二次损坏的良好措施和手段之一。3D打印与传统雕塑相结合，节省了大量的人力物力，短短几个月就可以打印出一套大型雕塑。

3D打印技术作为全球第三次工业革命的代表技术之一，已经越来越广泛地应用在生产生活的各个方面。中国3D打印技术发展面临诸多挑战，总体处于新兴技术的产业化初级阶段，主要表现在产业规模化程度不高、技术创新体系不健全、产业政策体系尚未完善、行业管理亟待加强、教育和培训制度急需加强等几个方面。尽管如此，无论是工业应用，还是个人消费领域，3D打印都存在广阔的发展空间。

第六章 多媒体技术应用

第一节 多媒体技术概述

一、媒体技术的定义和特点

所谓媒体，从计算机处理信息的角度来看，有三种不同的分类方式：①传递信息的载体，如文字、图像、声音、动画、视频等；②存储信息的实体，如纸、录像带、磁盘、光盘、网络存储设备等；③传输信息的介质，如电话、电缆、无线电波、卫星通信、光等。

多媒体信息中的媒体是指第一种，也就是多种媒体，即通过各种外部设备将文字、图像、声音、动画、影视等多媒体信息采集到计算机中，以数字化的形式进行加工、编辑、合成和存储，最终形成具有交互特征的多媒体产品。在这一过程中，多媒体计算机与电视等其他多媒体设备之间的差异主要表现在前者更强调交互性，即人们在计算机上使用多媒体产品时，可以根据需要去控制和调节各种多媒体信息的表现方式，而不仅仅是被动地接受多媒体信息。

多媒体技术是指用计算机综合处理多媒体并使各种媒体建立逻辑链接的技术，是信息传播技术、信息处理技术和信息存储技术的组合。多媒体技术具有以下一些特点：信息媒体的多样化和媒体处理方式的多样化，媒体本身及处理媒体的各种设备的集成性，用户与媒体及设备间的交互性，以及音频、视频媒体与时间密切相关的实时性等。

二、多媒体计算机系统

具备多媒体信息处理能力的计算机称为多媒体计算机。多媒体计算机系统包括多媒体硬件系统和多媒体软件系统。

（一）多媒体硬件系统

多媒体硬件系统除了基本的计算机配置外，还包括支持各种媒体信息的采集、存储、编辑、展现的各种外部设备。

1. 带多媒体功能的 CPU

芯片制造商在计算机芯片中增加能处理多媒体信息的指令，使计算机处理多媒体的功能得到了更好的发挥和提高。多媒体扩展（MMX）就是英特尔（Intel）公司在 CPU 中增加的多媒体指令集，带有 MMX 技术的 CPU 特别适合于处理数据量很大的图形、图像，从而使以三维图形、图画、运动图像为目标的动态图像专家组（MPEG）视频、音乐合成、语音识别、虚拟现实等数据处理的速度有了很大提高。

2. 音频设备

话筒、耳机、音箱是计算机中的音频输出设备，而声卡则是最基本的多媒体器件，用以实现声音的模 / 数（A/D）、数 / 模（D/A）转换，大多数主板都集成了声卡。声卡的工作原理：输入声音时，从声音传感器（如话筒或音频连接线）接收模拟声音电信号，经声卡进行采样、量化和压缩等处理，转换成由 0 和 1 组成的数字信号，以文件的形式被计算存储和编辑；输出声音时，声卡将数字化声音数据，经数 / 模转换还原为连续的电信号，通过声音播放器（如耳机或喇叭）输出。通常声卡的采样频率有 11.025kHz.22.05kHz、44.1kHz 三种，量化精度有 8 位、16 位、32 位、64 位二进制数等，还可以选择单 / 双声道，采样后在计算机中生成波形文件。

声卡除基本的录音和播音功能外，还有压缩和解压缩音频文件、与乐器数字接口（MIDI）设备连接及与 CD-ROM/DVD-ROM 连接的功能。声卡关键指标是采样频率和量化精度，声卡的性能直接影响多媒体计算机的音频效果。

3. 视频设备

视频技术是多媒体技术的重要组成部分，它使得色彩鲜艳的动态图像能在计算机中进行输入、编辑和播放。视频设备除了显示器、摄像头、数码摄像机等外，还包括用于数、模转换的显示卡和用于视频输入的视频采集卡。

显示器是用来显示影像的装置。目前市场上台式机的显示器类型主要有三种：阴极射线管显示器（Cathode Ray Tube，CRT）、液晶显示器（Liquid Crystal Display，LCD）以及发光二极管显示器（Light Emitting Diode，LED）。其中 CRT 已逐渐被 LCD 取代，而 LED 显示器由于其在亮度、功耗、可视角度和屏幕刷新速率方面比 LCD 更具优势，逐渐占据了更大的市场。

显示卡能将计算机中的数字信息转换成显示器能接收的电信号，要输出的画面，都要经过显示卡的存储和处理。显示器上能够显示的画面的色彩数量（色彩位数）和像素数量（分辨率），均由显示卡的技术指标决定。这些技术指标有相应的行业标准，最早的视频图形阵列（VGA）标准（Video Graphics Array）支持最高分辨率为 640×480，只能显示256种颜色，已经十分过时。常见的还有超级视频图形阵列（SVGA）、扩展图形阵列（XGA）、超级扩展图形阵列（SXGA）和极速扩展图形阵列（UXGA）等几种主要的标准，每种标准都有各自的分辨率和色彩位数。用户要改变显示器的显示方式，只要在桌面上右击，选择快捷菜单中的“属性”选项，对“设置”选项卡下的屏幕分辨率和颜色质量进行修改。分辨率越高，屏幕上能显示的内容就越多，同一图片所显示的空间就越小。

除显示卡外，使多媒体计算机获得影像处理功能的还有一系列视频卡，是专门用于汇集视频源的信号（如电视、影碟、摄像等），进行数字化存储、转换、编辑和实时处理等的设备。视频卡大致可以分为视频叠加卡、视频捕捉卡、电视编码卡、动态图像专家组（MPEG）卡和电视（TV）卡，有的视频卡可兼有几个功能。

4. 大容量存储设备

光盘驱动器（光驱）是一个结合光学、机械及电子技术的设备，用于读写光盘信息。按在计算机上的安装方式，光驱可分为内置式、外置式。内置式光驱安装在主机箱软驱的位置，通过内部连线连接到计算机上，与计算机的通信接口、电源等配合，具有速度快、使用方便等优点。外置式光驱放在主机箱外，通过并行口和计算机相连接，自身有保护壳，移动方便，可根据需要在不同的计算机上使用，但价格贵、速度慢。

（二）多媒体软件系统

多媒体软件系统包括支持各种多媒体设备工作的操作系统的多媒体功能，各种媒体的采集、处理和创作工具，将各种媒体集成的多媒体工具，以及提供给最终用户使用的各种多媒体软件。

1. 操作系统的多媒体功能

为适应人们对多媒体内容的需要，操作系统必须加强四方面功能：一是多任务功能，即使计算机能同时处理声音、视频信息；二是大容量存储器的管理功能，即使计算机能支持多媒体文件的巨大数据量；三是虚拟内存技术，即使计算机在内存容量有限的情况下，能借用硬盘空间运行大数据量的程序或多个程序；四是“即插即用功能”，即对计算机硬件的检测和设置智能化，当计算机上增加某种多媒体设备时，操作系统能感受到新设备的增加，并提示安装驱动程序，使设备方便进入可使用状态。

2. 多媒体处理工具

多媒体信息处理主要是将外部设备采集的多媒体信息，包括文字、图像、声音、动画、影视等，用软件进行加工、编辑、合成、存储，最终形成多媒体产品。这些工具主要包括用于制作媒体信息文件的软件和多媒体应用软件系统集成工具两大类，主要实现以下功能：文字处理；图像处理；音频处理；多媒体集成等。

3. 多媒体集成工具

设计和制作多媒体应用软件作品时，可以通过多媒体集成软件把各种媒体有机地集成起来使其成为一个统一的整体。目前应用较为广泛的多媒体集成软件主要有图标式多媒体制作软件 Authorware；基于时间顺序的多媒体制作软件 Director、Flash；基于页或卡片式的多媒体制作软件 Multimedia ToolBook 等。用网页制作软件 FrontPage、Dreamweaver 等来进行多媒体集成也日益增多，而传统的程序设计语言 VB、VC++、Delphi 等也可用作多媒体软件的开发。

在制作多媒体作品的时候，不可能只使用到以上的某一种软件。针对不同的媒体要采用不同的处理软件，只有这些软件相互配合使用，才能制作出图、声、文并茂的富有感染力的多媒体作品。

4. 多媒体应用软件

多媒体应用软件是利用多媒体加工和集成工具制作，运行于多媒体计算机上具有某种具体功能的软件。它具有超媒体结构，往往集成了文字、图片、音频、视频、动画等多媒体信息，直接面向用户，强调交互操作。例如，各种多媒体教学软件、游戏软件、电子商务导购、各类服务性企业的导引软件等。

三、多媒体技术发展

（一）网络中的多媒体技术

随着网络逐渐成为新兴的第四媒体，人们对网上多媒体信息的利用也越来越广泛，网络上多媒体信息的传输和展现成为重要的技术。

1. 数据流传输技术

人们用浏览器查看的网页信息，是计算机用 HTTP 方式（直接下载）传送到本地计算机的临时文件夹里的。这可通过单击 IE 浏览器“工具 /Internet 选项”命令，在“常规”选项卡中单击“浏览历史记录”栏目的“设置”按钮，在打开的对话框中可以查看。由于音频、视频信息的数据量巨大，浏览器需要较长的时间才能完全下载，而且用户计算机上的存储空间大小也影响传输结果。为解决这个问题，数据流传输技术应运而生。

数据流式传输是指声音、影像或动画等媒体，由媒体服务器向用户计算机的连续、实时传送，通过在用户计算机上建立的数据缓冲存储区来存储数据，并同时播放缓冲区的数据，已播放的就从缓冲区自动删除。由于数据发送过程一开始，所传输的媒体几乎可以立即开始播放，用户可以边下载边收看，因而解决了下载延时问题。

流媒体就是用流式传输的多媒体文件。流式传输与HTTP方式传输的区别在于网络服务器不是一次性发送完所有的媒体文件数据，而是发送第一部分，然后在第一部分开始播放的同时，媒体文件的其余部分再源源不断地传输，及时到达用户计算机中供播放用。当网络实际连接速度小于播放所需速度时，播放程序就从缓冲区内取资料，从而避免播放的中断，使播放得以维持；只有当缓冲区的数据播放完后新传输的数据仍未到位时，用户才需要等待。

流媒体技术的基础是对数据进行压缩，它采用高效的压缩算法对数据源进行压缩，在降低文件大小的同时伴随着质量的降低，以使原有庞大的数据能适合流式传输。

2. 多媒体网页

目前，图文并茂、声像俱现的多媒体网页成为网络世界的主流。通过对浏览器进行适当设置，用户可以有选择地感受各种媒体信息。在IE浏览器中，单击“工具/Internet选项”命令，在打开的“Internet选项”对话框中选择“高级”选项卡，可以找到相关的多媒体进行设置，可更改浏览器中的图片、动画、声音等多媒体元素的播放设置。

3. 网络实时播放和视频点播

网络实时播放即网上视频直播，是将摄像机拍摄的实时视频信息传输到专门的视频直播服务器上，由视频直播服务器对活动现场的实时过程进行视频信息的采集和压缩，同时通过网络传输到用户的计算机上，实现现场实况的同步收看，像电视台直播一样，视频直播时，所有用户收看同样的内容，用户也不能控制播放过程。

视频点播是指网络服务器中存储着大量的、经过压缩的视频文件，供用户“按需点播”，即通过Web页选择菜单，一旦接受用户的单击选择，就开始向该用户传输所选定的视频文件，使用户可以在自己选择的时间、地点收看自己选择的内容，完全控制播放过程。视频点播服务器能同时接受多用户的访问，并分别向各用户提供不同的内容。

（二）多媒体关键技术

多媒体系统需要将不同的媒体数据表示成统一的结构码流，然后对其进行变换、重组和分析处理，以进行进一步的存储、传输、输出和交互控制。涉及多媒体的关键技术主要有：多媒体数据压缩与编码技术、多媒体数据存储技术、多媒体数据输入/输出技术、多媒体通信网络技术、多媒体信息同步技术、多媒体专用芯片技术、多媒体软件技术等，因为这些技术的突破性的进展，多媒体技术才得以迅速发展。

1. 多媒体数据压缩与编码技术

数字化后多媒体数据量十分庞大，直接存储和传输这些原始信源数据是不现实的，一般需要通过多媒体数据压缩与编码技术来解决数据存储与信息传输的问题。多媒体中数据的压缩主要是指图像、音频和视频的压缩，它是计算机处理图像、音频、视频以及网络传输的重要基础。数字化后的多媒体信息的数据中存在着很大冗余，如空间冗余、时间冗余、视觉冗余等，使数据压缩成为可能。

数据压缩的实质是在满足还原信息质量要求的前提下，采用代码转换或消除信息冗余量的方法来实现对采样数据量的大幅缩减。与数据压缩相对应的处理称为解压缩，又称数据还原。它是将压缩数据通过一定的解码算法还原到原始信息的过程。通常，人们把包括压缩与解压缩的技术称为数据压缩技术。数据压缩技术一般可以分为有损压缩和无损压缩两种。

衡量一种压缩编码方法优劣的重要指标有：压缩比要高、压缩与解压缩速度要快、算法要简单、硬件实现要容易以及解压缩质量要好。

2. 多媒体数据存储技术

多媒体数据存储技术主要研究多媒体信息的逻辑组织、存储体的物理特性、逻辑组织到物理组织的映射关系、多媒体信息的存取访问方法、访问速度和存储可靠性等问题，具体技术包括光学存储技术和移动存储技术，后者包括各种存储卡技术以及移动硬盘存储技术等。

存储卡采用的是半导体存储技术，它具有体积小、重量轻、便于携带和移动、工作时没有任何机械运动、无噪声、存取速度快和低功耗等优点。存储卡已被广泛应用于手机、数字音视频播放设备、数码录音笔、电视机、数码相机、数码摄像机、固态硬盘、GPS 导航仪等数码电子产品中。

目前广泛使用的 U 盘也是利用存储卡技术研制的一种移动存储设备，通过 USB 接口与计算机等设备进行数据交换。移动硬盘采用的是磁存储技术。因为其体积小、容量大、传输速度快、安全性能高、使用简单方便等特点，备受人们青睐。

3. 多媒体数据输入 / 输出技术

多媒体数据输入 / 输出技术包括媒体变换技术、媒体识别技术、媒体理解技术和综合技术等。媒体变换技术是指改变媒体的表现形式，如当前广泛使用的音频卡（声卡）、视频卡都属于媒体变换设备。媒体识别技术是对信息进行一对一的映像过程，如光学字符识别（OCR）文字识别技术、手写识别技术、语音识别技术、图像识别技术和触摸屏技术等，都属于媒体识别技术。媒体理解技术是对信息进行更进一步的分析处理和理解信息内容，如自然语言理解、图像理解、模式识别等技术。

4. 多媒体通信网络技术

多媒体通信网络技术是多媒体技术、通信网络技术和计算机技术相互渗透和发展的产物。

各种多媒体应用都要求在网络上同时传输文本、图形、图像、声音以及视频等综合多媒体信息。这些信息不仅量大，而且还要求连续性，不能有间断或跳跃感，同时音频和视频之间必须保持同步。多媒体信息流既可能是单向的，又可能是双向的；既可能是点对点的，又可能是点对多点的。传统的计算机网络很难完全适应多媒体信息传输的要求。为了满足数据量大、实时性、媒体相关性、交互性的多媒体信息通信要求，就需要对已有的网络进行改进或全新的建设。

5. 多媒体信息同步技术

同步是一个与时间相关的概念。多媒体系统中的同步主要指各媒体对象间的时序关系，广义的多媒体同步包括媒体对象之间的内容、空间、时间关系。

多媒体信息同步由很多系统部件来支撑和体现，包括操作系统、通信系统、数据库、文档，甚至一些具体应用，因此，多媒体系统中的信息同步必须在多个层次上予以考虑。

6. 多媒体专用芯片技术

多媒体专用芯片技术的发展依赖于超大规模集成电路技术的发展，它是多媒体硬件系统结构的关键技术。

7. 多媒体软件技术

多媒体软件技术主要包括多媒体操作系统、多媒体素材采集与制作技术、多媒体编辑与创作工具、多媒体数据库技术、超文本 / 超媒体技术和多媒体信息处理与应用开发技术六个方面的内容。

第二节　音频处理技术

一、音频数字化

声音是一种模拟量，声音的数字化从技术上讲就是要完成模拟量到数字量的转换，即 A/D 转换，通常以麦克风、CD 作为音频信号的输入源，由声卡以一定的采样频率和量化位数对声音进行采样和量化，并以需要的格式存储在计算机里。因为扬声器只接受模拟信号，当播放音频文件时，处理过程刚好倒过来，声卡把数字信息再还原为原来的模拟信息，即 D/A 转换，经混音器混合后由扬声器输出。

声卡的采样就是按一定的时间间隔采集该时间点的音频信号幅度值，所得数据用二进制存储。量化就是在计算机音频处理过程中，将采样得到的数据按一定的量化精度进行存储的过程。

影响音频数字化质量的三个主要因素：采样频率、量化位数、声道数。

（一）采样频率

采样频率是指单位时间的采样次数，也就是每秒从模拟声波中选择多少个点的声音样本，单位是赫兹。采样频率越高，越接近源音质。根据“奈奎斯特定理”：在模拟信号数字化的过程中，如果保证取样频率大于模拟信号最高频率的 2 倍，就能 100% 精确地再还原出原始的模拟信息，因此采样频率应至少为整个声音信号波形最高频率的两倍。在人耳认可的范围内，一般有 11.025kHz、22.05kHz、44.1kHz 等采样频率。

（二）量化位数

每次采样的信息量，即每个声音样本用几位二进制数来表示，也就是量化精度（幅值）。量化后模拟声音信号就编码为数字信号。量化的位数越高，等级越高，越接近源音质。量化精度通常有 8 位、16 位、32 位二进制数等。

（三）声道数

声音通道的个数表明声音产生的波形数，一般分单声道和立体声道。单声道每次生成一个声波数据，立体声产生两个波形。采用立体声道声音丰富，但存储空间要占用更多，如用单声道每分钟占 0.66MB 空间，选立体声道则达 1.32MB，为单声道的两倍。由于声音的保真与节约存储空间是成反比的，因此总存在一个选择平衡点的问题。

计算不压缩的情况下数字化声音的存储空间可用下列公式：

$$存储空间 =（采样频率 \times 量化位数）\times 时间长度 \times 声道数 \div 8$$

二、音频文件

在计算机中，声音文件也称为音频文件。根据获得的途径和存储的方式不同，声音文件也有多种格式，不同格式的声音文件具有不同的存储特点，可以使用不同的声音编辑工具进行编辑和处理。

（一）WAV 格式

WAV 文件也称为波形文件，是 Windows 所使用的标准数字音频，文件的扩展名是 WAV，它记录的是对实际声音进行采样所得到的数据。

（二）MIDI 合成音乐

乐器数字接口（Musical Instrument Digital Interface，MIDI）文件的扩展名为 MID。MIDI 文件是音乐与计算机技术结合的产物。MIDI 其实泛指数字音乐的国际标准，符合此标准的多媒体 PC 平台能够通过内部合成器或连接到计算机 MIDI 端口的外部合成器播放 MIDI 文件。

MIDI 文件与波形文件相比要小得多，常用于长时间播放音乐的场合，或背景音乐与 CD 中数据需要同时使用时，以及波形声音与背景音乐相伴的情况。通常可以用 Windows Media Player 来播放 MIDI 音乐，用 Cakewalk 来编辑 MIDI 文件。

（三）MP3 格式

MP3 全称是动态影像专家组压缩标准音频层 3（Moving Picture Experts Group Audio Layer Ⅲ），是一种数字音频编码和有损压缩格式，其扩展名为 MP3. 它设计用来大幅度地降低音频数据量，可以将音乐以 1 ∶ 10 至 1 ∶ 12 比率压缩，而对于大多数用户来说重放的音质与最初的不压缩音频相比没有明显的下降。

MP3 的原理：采用有损压缩技术，利用人耳听觉系统的主观特性（心理声学）确定压缩率，即去掉人耳感觉不到的信息细节（主要是高音频部分），使正常人耳感觉不到失真，以获得小得多的文件。MP3 技术提供了在数据大小和声音质量之间进行权衡的一个范围，每分钟 MP3 格式音乐只有 1MB 左右大小，大大小于 WAV 文件，播放时要使用 MP3 播放器对 MP3 文件进行实时的解压缩（解码），由于 MP3 采用的是有损压缩技术，对欣赏音乐有较高要求的人来说，音质稍有不足。

（四）CD 格式

在大多数播放软件的“打开文件类型”中，都可以看到 *.cda 格式，这就是 CD 音轨了，它是当今世界上音质最好的数码音频格式之一。CD 音轨近似无损，因此它的声音基本上是忠于原声的，能让人感受到天籁之音。CD 光盘可以在 CD 唱片中播放，也能用计算机里的各种播放软件来重放。*.cda 文件只是一个索引信息，并没有真正包含声音信息，所以不论 CD 音乐的长短，在计算机上看到的文件都是 44 字节长。因此，不能直接复制 CD 格式的 *.cda 文件到硬盘上播放，需要使用音频转换软件把 CD 格式的文件转换成 WAV 后才能播放，如 Windows 媒体播放器、超级解霸软件等都可以进行这样的转换。

（五）RealAudio 格式

RealAudio 主要适用于在网络上的在线音乐欣赏，几乎所有的下载站点会给出根据所使用的 Modem 速率选择最佳的 Real 文件的提示。

Real 文件的格式主要有：RA、RM 和 RMX 等。这些格式的特点是可以随网络带宽的不同而改变声音的质量，在保证大多数人听到流畅声音的前提下，令带宽较富裕的听众获得较好的音质。

（六）WMA 格式

WMA 格式是微软公司开发的，音质要强于 MP3 格式，更远胜于 RA 格式，WMA 的压缩率一般都可以达到 1 ： 18 左右。WMA 的另一个优点是内容提供商可以通过数字版权管理（Digital Rights Management.DRM）方案加入防复制保护。这种内置的版权保护技术可以限制播放时间、播放次数，甚至于播放的机器等，这对防盗版来说是一个福音。

WMA 还支持音频流技术，适合在网络上在线播放，作为微软抢占网络音乐的开路先锋可以说是技术领先、风头强劲。更方便的是它不用像 MP3 那样需要安装额外的播放器，Windows 操作系统和 Windows Media Player 的无缝捆绑使得只要安装了 Windows 操作系统的计算机就可以直接播放 WMA 音乐。

WMA 格式在录制时可以对音质进行调节。同一格式，音质好的可与 CD 媲美，压缩率较高的可用于网络广播。

三、语音合成与识别技术

语音是人类进行信息交流的媒介。如果计算机具有像人一样使用声音交流信息的能力，那么人与计算机之间就可以通过声音进行对话，这将改变人们主要通过键盘将信息输入计算机中，以及通过显示器屏幕来了解计算机的输出这一局面，即人机界面将进一步得到改观，人机交流将更加人性化。这一目标需要随语音处理技术的发展而实现。

语音处理就是利用计算机对语音进行处理的技术。它包括两方面的内容：一是使人们能用语音来代替键盘输入和编辑文字，也就是使计算机具有“听懂”语音的能力，这是语音识别技术；二是要赋予计算机“讲话”的能力，用语音输出结果，这是语音合成技术。

（一）语音识别技术

随着计算机技术的飞速发展，人与机器用自然语言进行对话的梦想正在逐步实现。进入 20 世纪 90 年代之后，语音识别的研究进一步升温。

语音识别技术所涉及的领域包括：信号处理、模式识别、概率论和信息论、发声机理和听觉机理、人工智能等。

（二）语音合成技术

语音合成，或者称计算机说话，包含两种可能实现的途径：一种是像普通的录音机一样，使计算机再生一个预先存入的语音信号，不过这是通过数字存储技术来实现的。如果简单地将预先存入的单音或词组拼接起来也能做到让“机器开口”，但它是“一字一蹦”，机器味十足，人们很难接受。如果预先存入足够的语音单元，在合成时采用恰当的技术手段挑选出所需的语音单元，将它们拼接起来，也有可能生成高自然度的语句，这就是波形拼接的语音合成方法。为了节省存储容量，在存入机器之前还可以对语音信号先进行数据压缩。

另一种是采用数字信号处理的方法，用能表征声道谐振特性的时变数字滤波器，来模拟人类发声的过程。调整滤波器的参数等效于改变口腔及声道形状，达到控制发出不同音的目的，而调整激励源脉冲序列的周期或强度，将改变合成语音的音调、重音等。因此，只要正确控制激励源和滤波器参数，这个模型就能灵活地合成出各种语句来，因此，又称为参数合成方法。

计算机输出的“合成语音”应该是可懂、清晰、自然、具有表现力的，这是语音合成追求的目标。

Windows 带有一个称为“讲述人”的基本屏幕读取器，就是一个将文字转换为语音的实用程序。当使用计算机时，计算机会高声阅读屏幕上的文本并描述发生的某些事件。“讲述人”读取显示在屏幕上的内容包括：活动窗口的内容、菜单选项或键入的文本。

第三节 图像处理技术

一、数字图像基础知识

（一）图像的色彩模型

色彩空间模型是计算机用以表示、模拟和描述图像色彩的方法，常用的色彩模型有以下四种：

1.RGB 模型

RGB 色彩模型是工业界的一种颜色标准，是通过对红（Red）、绿（Green）、蓝（Blue）三个颜色通道的变化以及它们相互之间的叠加来得到各式各样的颜色的，现在所有的显示器都采用 RGB 值来驱动。这个标准几乎包括了人类视力所能感知的所有颜色，是运用最广的颜色系统之一。RGB 模型为图像中每一个像素的 RGB 分量分配一个 0 ～ 255 范围内的强度值，故它们按照不同的比例混合后可以获得 256×256×256=16777216 种不同的颜色。

2.CMYK 模型

CMYK 模型使用青（Cyan）、洋红（Magenta）、黄（Yellow）、黑（Black）四个色彩信道产生可在一台印刷机上打印的色彩。由于 RGB 模型显示的颜色多，主要是靠色光叠加形成，而印刷或打印图形图像画面时是以青、洋红、黄和黑四种颜色呈现在介质（纸或其他介质）表面上的。颜料（矿物或有机物）是吸收或反射色光的，颜料本身不发射光线，因此通过四色的组合和描述，产生印刷可见光谱中的大多数的颜色空间模型。CMYK 模型属于一种减法色彩模型，应用于打印模式。

3.HSB 模型

HSB 就是用色相（Hue）、饱和度（Saturation）、明度（Brightness）三个因素来描述颜色，它较为符合人眼感知色彩的方式。在该模型中，色相的取值单位是度，即角度（0 到 360 度），表示色相位于色轮上的位置（色相是从物体反射或透过物体传播的颜色）；饱和度的取值是百分比，是指颜色的强度或纯度，表示色相中灰色分量所占的比例，在标准色轮上，饱和度从中心到边缘递增，饱和度低色彩就接近灰色；明度也称为亮度，是颜色的相对明暗程度，通常用从 0%（黑色）至 100%（白色）的百分比来度量，亮度高色彩明亮，反之色彩暗淡，亮度最高得到纯白，最低得到纯黑。

4.Lab 模型

Lab 模型由照度（L）和有关色彩的 a、b 三个要素组成，是由国际照明委员会（CIE）于 1976 年公布的一种色彩模式。L 表示照度（Luminance），相当于亮度，a 表示从红色至绿色的范围，b 表示从蓝色至黄色的范围。L 的值域由 0 到 100，L 取 50 时，就相当于 50% 的黑；a 和 b 的值域都是由 +120 至 -120，其中 +120a 就是红色，渐渐过渡到 -120 的时候就变成绿色；同样原理，+120b 是黄色，-120b 是蓝色，所有的颜色就以这三个值交互变化所组成。Lab 色彩模型具有不依赖于设备的优点，还具有色域宽阔的优势，它不仅包含了 RGB、CMYK 的所有色域，还能表现它们不能表现的色彩。人的肉眼能感知的色彩，都能通过 Lab 模型表现出来。

（二）数字图像表示方法

在计算机中，表达图像有两种常用的方法：位图和矢量图。有时通过显示器看不出两种图的区别，但它们生成图的方法不同，也适用于不同的情况。

1. 位图

位图由数字阵列信息组成，阵列中的各项数字用来描述构成图像的各个点（像素）的位置、亮度和颜色等信息，可以装入存储器直接显示。也就是说位图是把一幅彩色图分成许许多多的像素，用若干个二进制位来表示每个像素的颜色、亮度和属性。因此计算机存储的其实是描述每个像素的数据，这些数据通常称为图像数据，这些数据所组成的文件称为位图文件。

位图适用于表现具有丰富的层次和色彩、包含大量细节的图像，因为不需要计算，可以直接、快速地显示在屏幕上。位图的获取通常用扫描仪、摄像机、激光视盘与视频捕捉卡等设备，把模拟的图像信号变成数字图像数据。

位图的质量主要是由图像的分辨率和色彩位数决定。图像色彩丰富程度由色彩位数决定，图像实际显示的颜色还会受到显示器色彩位数的影响。由于要存储每一个像素的信息，位图文件占据的存储空间较大。一幅分辨率为320×480的彩色图像，每个像素采用24位量化，数据量约为3.68MB。

2. 矢量图

矢量图用一组指令集合来描述图形的内容，这些指令用来描述构成图形的所有直线、圆、矩形、曲线等图元的位置、大小、颜色、形状和维数等。矢量图记录的是对图形性质的描述，这种方法实际上是用数学方法来描述一幅画。由于矢量图并不存储实际图形的数据，在计算机屏幕上显示矢量图形要有专门的软件，这些软件将描述的图形的指令转换成在屏幕上显示的形状和颜色。

矢量图主要适用于线型的图画、美术字和工程制图等。产生这类图形的程序常称为“绘图”（Draw）程序，它可以分别产生矢量图的各个片段，对各个部分可以很容易地进行移动、旋转、缩放和扭曲等变换，并将它们互相重叠，因此处理简单的图形的编辑相当容易。但复杂的图形不适合用矢量图表示，尤其是处理复杂的彩色照片。因为真实世界的彩照，很难用数字来描述，计算机要花费很长的时间去执行绘图指令，如著名的图形设计软件AutoCAD，所使用的DXF图形文件就是典型的矢量化图形文件。

矢量图和位图相比，显示位图文件比显示矢量图要快；矢量图侧重于“绘制”“创造”，而位图偏重于“获取”“复制”；矢量图与分辨率无关，放大不影响图像的清晰度，位图会随着放大而变模糊，甚至产生马赛克现象。矢量图和位图可以通过软件进行转换。

（三）分辨率

分辨率是计算机描述和显示数字化图像的重要指标，常见的有以下几种：

1. 显示分辨率

显示分辨率是指显示屏上能够显示出的像素数目，也称屏幕分辨率。例如，显示分辨率为640×480表示显示屏分成480行，每行显示640个像素，整个显示屏就含有307200个显像点。显示分辨率与显示系统的软硬件及显示模式有关，标准VGA图形卡的最高分辨率为 640×480。

2. 图像分辨率

图像分辨率是指组成一幅图像的像素的度量方法。简单地说就是图像水平与垂直方向的像素个数。对同样大小的一幅画，如果组成该图的图像像素数目越多，则说明图像的分辨率越高，图像就越清晰。图像分辨率与其在屏幕上显示的大小直接相关，一幅分辨率为 640×120 的图像，在 VGA 显示器上占据 1/4 的面积；而分辨率为 2400×3000 的图像在这个显示屏上就不能显示完整的画面。

3. 扫描分辨率

扫描分辨率表示一台扫描仪输入图像的细微程度，指每英寸扫描所得到的点，单位是 DPI。数值越大，表示被扫描的图像转化为数字化图像越清晰，扫描仪质量也越好。

4. 打印分辨率

打印分辨率表示一台打印机输出图像的技术指标，由打印头每英寸输出数目决定，单位也是 DPI，高清晰度的打印超过 600DPI。

（四）色彩位数

色彩位数也称像素深度、图像深度，是指存储每个像素所用的二进制位数，它决定了彩色图像的每个像素可能有的颜色数，或者确定灰度图像的每个像素可能有的灰度级数。像素深度和图像所占用的存储空间成正比。

多媒体应用中推荐至少用 8 位 256 种颜色。由于设备的限制，加上人眼分辨率的限制，一般情况下，不一定要追求特别深的像素深度。

（五）获取数字化图像

通常需要将原始图像，如绘画、照片、杂志、视频截图等进行数字化，才能进行计算机处理。数字化的方式主要是使用数码相机扫描仪、视频捕捉卡等，艺术设计类专业人员也使用连接在计算机上的数字画板直接绘图。

1. 使用数码相机

数码相机的工作原理：首先通过镜头接收光线，然后被称为电耦合元件（CCD）的摄影元件（有时也使用 CMOS 传感器）将所接收的光线转换成电信号，最后将电信号作为数据记录到内置存储器和存储卡中。在使用数码相机的过程中，要注意其最高分辨率，如 1600×1200，前者是指图像长度的像素值，后者是图像宽度的像素值，两者的比值通常是 4 ∶ 3，两者相乘的值即图像的像素值，也就是该数码相机的分辨率（如 200 万像素）。通常数码相机提供多种不同的分辨率，用户可根据需要选择，分辨率越高则所需存储空间越大。

2. 使用扫描仪

扫描仪的工作原理：首先对原稿进行光学扫描，然后将光学图像传送到光电转换器中变为模拟电信号，再将模拟电信号变换成为数字电信号，最后通过计算机接口送至计算机中。扫描仪的光学分辨率是决定其性能的最重要指标。在使用扫描仪时，将其与计算机接口正确连接后，还要安装相应的软件才能进行扫描，扫描后的数字图像可以直接存储在计算机上。

3. 使用视频捕捉卡

视频捕捉卡需要占用电脑的一个扩充槽，视频信号通过它将视频信号由放像设备捕捉入计算机。一般来说，视频捕捉卡都附带一个扩展坞，上面提供用以连接放像设备的各种插口。因为数字化的视频信号所占硬盘空间都非常大，所以很多捕捉卡在采集视频信号的同时对信号进行压缩，以避免在CPU、数据桥（连接捕捉卡和计算机）以及写入硬盘时可能出现的部分视频内容（帧）丢失。但是，视频捕捉的图像质量通常无法与数码相机拍摄的相媲美。

二、数字图像文件格式

由于原始的数字图像数据会占据较大的空间，因此计算机在处理、存储和传输它们时需要进行压缩编码，从而产生了各种不同的数字图像格式。

（一）BMP文件

BMP是基本位图格式，与设备无关，是PC的Windows和macOS操作系统下图形图像的基本位图格式。BMP文件有压缩和非压缩之分，一般作为图像资源使用的都是不压缩的，它支持黑白、16色和256色伪彩色图像和RGB真彩色图像。

（二）GIF文件

GIF文件产生的目的就是为了在不同的平台上进行图像交流，它最大不能超过64MB，具有8位颜色格式（最多显示256色）。GIF文件采用无损压缩方式，压缩比例小于JPEG格式，支持透明色和颜色交错，压缩比高，文件小。GIF文件主要用于包含纯色的图像，如插图、按钮、图标、草图等，不适用于照片。GIF图像有两种主要的规范，即GIF87a和GIF89a，后者支持图像内的多画面循环显示，可以用来制作小型的动画，现有万维网（WWW）上的许多微型动画就是用这种方法制作的。GIF格式已成为网上最流行的图像文件之一。

（三）JPEG 文件

JPEG 是可缩放的静态图像压缩格式，可以调整压缩比率，支持 24 位真彩色，采用有损压缩方式，能以很高的压缩比率来保存图像，文件非常小而图像质量损失不多。它适用于处理大量图像的场合和经常缩放、变换的 Web 站点，也是现有 WWW 最流行图像格式之一。JPEG 格式适合保存照片或超过 256 色的图像，常用于自然风景照、人物及动物的彩色照片、大型图像等。但它是一种有损压缩的编码格式，是以牺牲图像中某些信息为代价换取较高的图像压缩比，一般不适合用来存储原始图像素材。其他的还有 TIF 文件、WMF 文件、PCD 文件、PSD 文件、PNG 文件等。

三、数字图像数据压缩

因为高分辨率的图像要占用大量的内存和硬盘空间，所以要通过压缩来减少图像存储时的数据量。压缩方法有无损压缩和有损压缩两种。无损压缩确保还原后的图像与压缩前一样，行程长度编码（RLE）法是一种典型的无损压缩法。有损压缩会丢失一些数据，无法将图像还原到原始图像的状态，JPEG 是最常用的图像有损压缩方法。通常，用于屏幕观看的图像可使用有损压缩方法处理；而用于打印的图像需要较高的分辨率，最好使用无损压缩以确保清晰度。

（一）RLE 法

RLE 的工作机理是用两个数替代图像文件中表示像素值的数字重复的序列：一个数指定了行程的长度（数值重复的数目），另一个数表示数值本身。

这个压缩过程没有丢失任何文件信息，是一种无损压缩的方式。大部分含有相邻像素等值冗余码的图形图像文件的压缩（如 PCX、BMP 等）都利用了这种方法。无损压缩可以减少存储时所占的硬盘空间，却不能减少图像处理时的内存占用，因为图像处理软件会将丢弃的重复信息补充到原来位置。

（二）JPEG 有损压缩

JPEG 有损压缩的原理是根据重要等级分离图像中的信息，然后为了减少必须存储的数据量，去掉一些不太重要的信息。JPEG 有损压缩允许用户指定质量因子，高质量因子保留更多的图像细节，但是产生了较低的压缩率；低质量因子产生了较高的压缩率，但是图像较模糊。JPEG 压缩过程比较复杂，会丢弃图像中的高频成分，保留低频成分，因为人的眼睛对于颜色中的高频成分变化不太敏感，对图像的注意力会停留在低频成分上。因此图像解压缩时，结果像素值不一定与原来一样，但感觉差异不大。

当用 RLE 或 JPEG 压缩全彩色图像时，红、绿、蓝三色处于不同的通道，是分别压缩的。如果是调色板彩色位图图像或单纯浓淡的灰度位图图像，只需对像素值进行一遍压缩编码。

第四节 动画处理技术

一、动画基础知识

（一）动画的原理

动画的实质是一幅幅静态图像的连续播放，其利用了人的视觉暂留现象。人眼在观察景物时，光信号传入大脑神经，需经过一段短暂的时间，光的作用结束后，视觉形象并不立即消失，这种残留的视觉称“后像”，视觉的这一现象则被称为“视觉暂留”。视觉暂留现象是由视神经的反应速度造成的，其时值是二十四分之一秒，因此是动画、电影等视觉媒体形成和传播的根据。

传统动画是将内容连续的图像绘制在胶片上，每一张胶片称为一帧，当胶片连续放映时就产生了运动的错觉。计算机制作的动画也包括许多帧，每一帧都与前一帧略有不同。但与传统动画的区别在于，人们不用绘制每一帧的内容，只需要定义关键帧（每一个关键帧都包含了任意数量的符号和图形，是表征对象变化的关键性画面），而中间的过渡效果由计算机自动生成，这样就能大大减少工作量。

（二）计算机动画的类型

1. 二维动画

二维画面是平面上的画面，是对手工传统动画的一个改进。其要点是输入和编辑关键帧，计算和生成中间帧，定义和显示运动路径，交互式给画面上色，产生一些特技效果，实现画面与声音的同步，控制运动系列的记录，等等。可以用 Java、VB 等程序设计语言来设计二维动画，但更常用的是宏媒体公司出品的矢量图形编辑、动画制作的专业软件 Flash 和用于制作短小图形交换格式（GIF）动画的 GIF Animator。

2. 三维动画

三维动画又称 3D 动画，是具有空间感的立体动画。三维动画软件在计算机中首先建立一个虚拟的世界，设计师在这个虚拟的三维世界中按照要表现的对象的形状尺寸建立模型以及场景，再根据要求设定模型的运动轨迹、虚拟摄影机的运动和其他动画参数，最后按要求为模型附上特定的材质，并打上灯光，当这一切完成后就可以让计算机自动运算，生成最后的画面。常用的三维动画软件有 3ds MAX、Cool 3D、MAYA 等。

3. 虚拟现实

虚拟现实（Virtual Reality，VR），又称灵境技术、假想现实，意味着“用电子计算机合成的人工世界”，是以沉浸性、交互性和构想性为基本特征的计算机高级人机界面。它综合利用了计算机图形学、仿真技术、多媒体技术、人工智能技术、计算机网络技术、并行处理技术和多传感器技术，模拟人的视觉、听觉、触觉等感觉器官功能，使人能够沉浸在计算机生成的虚拟境界中，并能够通过语言、手势等自然的方式与之进行实时交互，创建了一种适人化的多维信息空间。使用者不仅能够通过虚拟现实系统感受到在客观物理世界中所经历的“身临其境”的逼真性，而且能够突破空间、时间以及其他客观限制，感受到真实世界中无法亲身经历的体验。生成虚拟现实需要解决以下问题：以假乱真的存在技术；相互作用；自律性现实。在虚拟现实环境中，观察者、传感器、计算机仿真系统与显示系统构成了一个相互作用的闭环流程。

二、二维动画软件 Flash

（一）基本术语及概念

1. 层

Flash 中的层与 Photoshop 中的图层类似，是为了制作复杂动画而引入的解决手段。形象地说：在两块透明的玻璃上分别绘制一个图像，然后，将两块玻璃重叠，只要图像不互相遮挡，你看到的将是两个图像合在一起的图像层。在 Flash 中的应用就好像这里的玻璃一样，它可以将一个大型的动画划分成很多个在各个层上的小动画，具有不同运动方式的动画对象应放置在各自独立的层上。

2. 帧

帧是构成 Flash 作品的基本元素，对于只用一个层的 Flash 作品，帧就是此作品在各个时刻播放的内容，相当于电影胶片。在时间轴窗口中，帧是用小矩形的方格表示的，一个方格表示一帧。由于 Flash 中引入了层的概念，所以，对于有多个图层的 Flash 作品来说，某一时刻播放的内容将是各个图层上这一时刻帧中内容的叠加。

时间轴面板中的帧分为两种：关键帧和普通帧。关键帧是指在这一帧的舞台中实实在在存在的一个对象。如果关键帧的舞台中是空的，那么这个关键帧就被称为空白关键帧。普通帧是指在这一帧的舞台中可以看到对象，但它是延续上一个关键帧的内容，如果上一个关键帧上的对象改变了，那么这个普通帧上的对象也随之改变。

3. 交互

交互的含义：程序不只是按顺序执行，它的执行还要依赖于用户的操作，根据用户的操作来决定程序的运行，用户的操作称作事件，而程序下一步的执行就称作响应。使用 Flash 软件，可以轻松制作出具有交互功能的动画。

4.Alpha 通道

Alpha 通道是决定图像中每个像素透明度的通道，它用不同的灰度值来表示图像可见度的大小。在 Flash 中，Alpha 通道的透明度可设置为 0 ～ 100%，取值为 0（纯黑）时则表示完全透明，取值为 100%（纯白）时则表示完全不透明，介于二者之间的为部分透明，因此可以轻松制作渐隐渐现的动画效果。

（二）Flash CC 的工作环境

1. 场景

Flash 动画文件具有这样的层次结构：一个 Flash 动画文件可能包含几个场景，每个场景中又包含若干层，每一层有若干帧。各场景相互独立，各表现一段特定主题的动画。Flash 利用不同的场景组织不同的动画。工作区是用户设计动画和布置场景对象的场所，工作区中间的白色矩形区域是舞台。在动画播放时，放置在工作区中灰色区域里的对象不可见，只有在舞台中的对象才可见。

2. 时间轴

时间轴分为左右两个区域：层控制区和时间轴控制区。层控制区与时间轴控制区一起，以帧为单位记录各个时刻动画的不同状态，设计时可以通过时间轴来安排动画的运动顺序和控制整个动画的流程。

层控制区位于时间轴的左边，是进行层显示和操作的主要区域，由层示意列和几个有关层的操作功能按钮组成。当层很多时，时间轴的右边会出现上下滚动条，用以显示所有的层，还可以调节时间轴和层的大小。

时间轴控制区位于时间轴的右边，主要由若干行与左边层示意列对应的动画轨道、轨道中的帧序列、时间标尺、信息提示栏以及一些用于控制动画轨道显示和操作的工具按钮组成。时间轴用于组织动画各帧的内容，可以控制动画每帧每层的显示内容，还可以显示动画播放的速率等信息。将播放指针沿着时的动画画面。时间轴的标尺显示出动画的帧数。

3. 工具箱

工具箱提供了绘制、编制图形的工具。利用工具箱中的工具，可以在画板上绘制出动画各帧各层的内容，并对它们进行编辑和修改。也可以利用这些工具对导入的图形进行编辑操作，工具箱最下端是当前工具的一些具体选项。

4. 库

每个 Flash 文件都有一个符号库，用于存放元件、位图、声音以及视频文件等内容，这些符号是可重复使用的动画元素。

符号库中的各项目可通过文件夹进行组织和管理。符号库中列出了项目的名称、类型、在文件中使用的次数以及最后一次改动的时间。可以按上述任意一种方式对库中项目进行分类排列，如同 Windows 资源管理器中的文件夹管理。符号库最下方的四个按钮可以实现新建元件、新建文件夹（当符号较多，需要分类管理时使用）、查看属性和删除的作用。单击符号库中的一个项目时，在符号库上部的预览区中可以预览符号的内容。

5. 元件

元件是在 Flash 中创建的动画元素，保存在库中，可在动画中重复使用，分为图形、按钮、影片剪辑三类。元件可以是 Flash 自己创建的矢量图形，也可以把从外部导入的 JPG、GIF、BMP 等多种 Flash 支持的图形文件转化为元件。从库面板中将元件直接拖拽到 Flash 的工作区域后，即可创建出这个元件的一个实例，此时实例继承元件的属性。图形元件由静止图像构成。按钮元件有弹起、指针经过、按下、单击四种状态，主要用于控制动画播放和制作交互效果。影片剪辑元件就是一段小动画，有独立的时间轴，不依赖于具体场景的时间轴而自动播放。

6. 面板

Flash 面板中最常用的是属性面板，包含了一些常用的编辑功能（如设置实例的位置坐标、补间动画，设置如颜色、字体和字号等各种属性，显示各种 Flash 元素的状态等）。其他面板则承担各自的功能，如动作和行为面板主要实现动画的交互和跳转，对齐、变形和信息面板主要用于动画对象的调整。所有的面板都可以通过“窗口”菜单调出或隐藏。

三、Flash 动画制作技术

Flash 最主要的功能是制作矢量动画。Flash 动画主要有两种基本形式：逐帧动画和补间动画（又称渐变动画）。制作 Flash 动画的基本过程和方法如下。

（一）逐帧动画

Flash 逐帧动画借用了传统的动画制作方式，在每一个连续的关键帧都设置不同的内容（可以直接用 Flash 提供的工具绘制，也可导入系列图片），各帧连续播放时就可以看到动画效果。这种通常用于复杂的动画，如人走路、奔跑、鸟儿飞翔等。

（二）补间动画

补间动画是 Flash 软件对传统逐帧动画的发展，体现了 Flash 的优点，它只要创建动画起始状态和结束状态两个关键帧，中间的逐渐过渡效果由计算机根据首尾帧的内容和动画属性自动生成。根据动画对象的不同，补间动画分为形状补间动画（变形动画）和动作补间动画（运动动画）。

1. 形状补间动画

形状补间动画是指在两个图形对象之间的变换，通常用于制作两个图形（在Flash中称为“形状”）相互转换的动画效果；其变化效果是由Flash来控制的，在时间轴上显示为一个有绿色底纹的实线箭头。例如，从圆形变成三角形，从“hello”变成“你好”。如果时间轴上出现了“虚线”，表示补间动画有问题，初始或者结束的关键帧上不是“形状”。

2. 动作补间动画

动作补间动画是指同一个对象（元件）不同状态的变化，通常用于制作对象的位移、变形、旋转、颜色渐变、透明度变化等动画效果。其变化过程是由Flash来控制的，在时间轴上显示为一个浅紫色底纹的实线箭头。如果时间轴上出现了“虚线”，同样表示动作补间动画有问题，初始或者结束的关键帧上不是“同一个元件”。形状补间动画和动作补间动画的本质区别：前者是绘制的图形的变化；而后者是“元件”的变化。

动作补间动画比形状补间动画使用更广泛，同样的效果如果两者都能实现应首选动作补间动画，因为元件存储后可重复使用，动画文件小。

（三）特殊形式动画

用Flash还可以制作两类特殊形式的动画：曲线运动补间动画和遮罩动画。

1. 曲线运动补间动画

曲线运动补间动画可以通过两种方法实现：一种是用创建补间动画的命令；另一种是通过添加引导层实现。这种动画是动作补间动画的一种，能让对象沿着指定路径运动，这个固定路径只能是线条（可以一条或多条），是在“引导层”中绘制出来的。“引导层”在Flash中有两个作用：一个作用是用于注释图层，这个图层在动画播放时不显示，只起到辅助图层的作用；另一个作用是引导对象（在被引导图层中的元件）沿着绘制的路径运动。曲线运动补间动画通常用于制作一些运动轨迹不规则的动画，如自然飘舞的雪花、水中漂浮的漂流瓶等。

2. 遮罩动画

遮罩动画是通过多个图层的配合来实现的，一个图层是“遮罩层”，其他图层是“被遮罩层”。“遮罩层”是一种特殊的层，可以把它想象成一块镂空板，镂空的形状就是层中的图形或元件。当把某一层定义为“遮罩层”时，“被遮罩层”上的图像被“遮罩层”中的元件或者图形遮住，只有“遮罩层”中填充色块下的内容是可见的，而“遮罩层”的填充色块本身则不显示。在遮罩动画中，无论是“遮罩层”还是“被遮罩层”，都可以有自己独立的动画形式，或是静止，或是动作或形状补间动画。遮罩动画可以实现丰富的效果，如望远镜、放大镜效果等。

（四）骨骼动画

Adobe Flash CC 专业版提供了一个全新的骨骼工具，可以很便捷地把影片剪辑元件的实例或矢量图形对象连接起来，形成父子关系，来实现类似于关节骨骼的运动。

（五）控制动画播放

通常 Flash 动画都会设置一些交互性的措施，使观看者可以控制动画的播放。在 Flash 的“动作”面板上，最常见的是设置两类动作：一类是“帧动作”，即动画播放到该帧时自动引发的动作，如停止播放、跳转、停止播放声音等；另一类是“按钮动作”，即通过用户单击按钮而激发的动作，如重新播放、停止、快进、后退等。如果要制作复杂的交互效果，如 Flash 游戏，则需要掌握 Flash 内置的动作脚本语言。

（六）为动画配音

为 Flash 动画配音的操作十分简单，只需将相应的音频文件导入库中，选中要插入音频的关键帧（普通帧不能作为音频起始帧），在属性面板的“声音”下拉菜单中选择该音频文件即可。添加音频后，还可以在下面的“效果”和“同步”中设置声音的具体播放次数、播放音效等。值得注意的是，为动画配音最好事先用软件将声音裁剪为合适的长度，否则当动画自动重复播放时，尚未播放完的声音会与再次播放的声音叠加而产生噪声。

第五节　视频信息处理技术

一、数字视频文件格式

视频影像文件主要有影像格式和流格式两类，具体文件格式取决于视频的压缩标准。常见的视频文件主要有以下几种格式。

（一）AVI 格式

AVI 即音频、视频交错格式（Audio Video Interleaved），是将视频和音频同步组合在一起播放的文件格式。该格式是 Windows 系统中较常用的动态图像格式，可在

Windows Media Player 中直接播放。AVI 文件使用的压缩方法有多种，主要采用了英特尔公司的 Indeo 视频有损压缩技术，将视频文件和音频信息混合交错地存储在同一文件中，不需要特殊的设备就可以将声音和影像同步播放。这种视频格式的优点是图像质量好，可以跨多个平台使用，还能调整分辨率；其缺点是体积过于庞大，而且压缩标准也在演进。随着新技术的发展，基于不同压缩标准的 AVI 格式如 nAVI 格式、DV-AVI 格式不断出现。如果用户在进行 AVI 格式的视频播放时遇到了不能播放、不能调节播放进度、播放时有声音没图像等问题，可以通过下载相应的解码器来解决。

（二）MPEG 格式

MPEG 即动态图像专家组（Moving Picture Expert Group），该专家组专门负责为 CD 建立视频和音频标准。MPEG 文件的扩展名是“.mpg”或“.mpeg”。MPEG 标准已成为视频、音频、数据压缩的国际标准。

MPEG 标准主要利用具有运动补偿的帧间压缩编码技术以减小时间冗余度，利月 DCT 技术以减小图像的空间冗余度，利用熵编码在信息表示方面减小统计冗余度。这几种技术的综合运用，大大增强了压缩性能。MPEG 格式文件的数据量比 AVI 格式小很多，有更高的影片质量。

MPEG 标准主要有五个：MPEG-1、MPEG-2、MPEG-4、MPEG-7 及 MPEG-21。MPEG-1 具有较低的数据传输速率（1.5Mb/s 以下）和中等分辨率（相当于家用录像机质量），被广泛用于 VCD 光盘和 MP3 中；MPEG-2 则具有相当于广播级较高分辨率的高质量图像，但同时需要有较大的数据传输速率（3 ～ 10Mb/s），可以对高清晰度电视（HDTV）的信号进行压缩，数字机顶盒和 DVD 光盘均采用此标准；MPEG-4 从内容的交互性、灵活性和可扩展性方面突破，使建立个性化的视听系统成为可能；MPEG-7 并不是一种压缩编码方法，其正规的名字叫作“多媒体内容描述接口”，其目的是生成一种用来描述多媒体内容的标准；MPEG-21 的正式名称是“多媒体框架”或“数字视听框架”，它的目的是将不同标准集成起来为多媒体商务提供透明而有效的电子交易和使用环境。

（三）DAT 格式

DAT 是 Video CD（VCD）数据文件的扩展名，也是基于 MPEG 压缩方法的一种文件格式，是 VCD 光碟的视频文件，一般放在 MPEGAV 文件夹下。当计算机中安装了诸如“超级解霸”“暴风影音”等 VCD 播放软件时，就可以播放这种格式的文件。

（四）ASF 格式

ASF 是高级流格式（Advanced Streaming Format），是微软公司 Windows Media

的核心，是一种包含音频、视频、图像以及控制命令脚本的数据格式，由于采用了 MPEG-4 压缩算法，具有较高的影片质量和压缩率，较适合在网络上进行连续视频影像的播放。ASF 文件的优点：具有本地或网络回放功能；具有可扩充的媒体类型；具有部件下载、可伸缩的媒体类型；具有流的优先级化；具有多语言支持、环境独立性；具有丰富的流间关系以及扩展性等。ASF 流文件的数据速率可以在 28.8kb/s 到 3Mb/s 之间变化，用户可以根据自己应用环境和网络条件选择一个合适的速率，实现视频点播和直播。

（五）WMV 格式

WMV 即 Windows Media Video，是微软公司推出的一种流媒体格式，它是在“同门”的 ASF 格式上升级延伸来的。在同等视频质量下，WMV 格式的体积非常小，因此 WMV 文件很适合在网上播放和传输。

（六）MOV 格式

MOV 即影片数字影像技术（Movie Digital Video Technology），是苹果公司开发的一种音频、视频文件格式，为其 QuickTime 视频处理软件默认的视频文件格式，具有跨平台、存储空间要求小等技术特点。它采用了有损压缩方式的 MOV 格式文件，画面效果较 AVI 格式要稍微好一些。MOV 文件格式支持 25 位彩色，支持领先的集成压缩技术，提供 150 多种视频效果，并配有提供了 200 多种 MIDI 兼容音响和设备的声音装置。它无论是在本地播放还是作为视频流格式在网上传播，都是一种优良的视频编码格式，被看作数字媒体领域的工业标准。

（七）RM 格式

RM 即真实媒体（RealMedia），它的特点是文件小，但画质仍能保持相对良好，适合用于在线播放。用户可以使用 RealPlayer 对符合其技术规范的网络音频和视频资源进行实况转播，并且可以根据不同的网络传输速率制定出不同的压缩比率，从而实现在低速率的网络上进行影像数据实时传送和播放。RM 格式的另一个特点是用户使用 RealPlayer 播放器可以在不下载音频或视频内容的条件下实现在线播放。另外，RM 作为目前主流网络视频格式，还可以通过其 RealServer 服务器将其他格式的视频转换成 RM 视频并由 RealServer 服务器负责对外发布和播放。

（八）RMVB 格式

RMVB 格式，是由 RM 格式升级延伸而来的。由于影片的静止画面和运动画面对压缩采样率的要求是不同的，如果始终保持固定的比特率，会对影片质量造成浪费。而 RMVB 则打破了原先 RM 格式那种平均压缩采样的方式，在保证平均压缩比的基础上，设定了一般为平均采样率两倍的最大采样率值。将较高的比特率用于复杂的动态画面，而在静态画面中则灵活地转为较低的采样率，合理地利用了带宽资源，使RMVB在牺牲少部分察觉不到的影片质量情况下最大限度地压缩了影片的大小。

二、视频信息数字化和压缩

由于视频文件中包含了大量的图像信息和声音信息，导致存储量巨大。我们可以简单地对视频信息容量进行计算：如果用24位量化的800×600分辨率的图像按25fps播放，40秒的文件容量将是24×800×600×25×40/8=1.44GB，要播放一张1小时的电影碟片，则需要129GB的存储空间，因此在存储和使用视频信息时必须进行压缩。

（一）视频信息数字化

视频信息数字化是指在一段时间内以一定的速度对视频信号进行捕获并加以采样后形成数字化数据的处理过程。计算机中的视频信息来源于各种模拟的视频输出设备，如电视机、录像机和摄像机等。各种设备有不同的色彩空间表示方法。最常用的视频色彩空间主要有三类：RGB三基色空间表示，是多媒体系统输出时必然采用的表示方法；YUV色彩空间度信号Y，色差信号U、V，用于逐行倒相正交平衡调幅（PAL）制式电视信号；YIQ色彩空间——亮度信号Y，色差信号I、Q，用于正交平衡调幅（NTSC）制式电视信号。由于标准的PAL和NTSC制式视频信号都是模拟的，而计算机只能处理和显示数字信号，因此必须通过视频采集卡对模拟信号进行数字化处理，包括采样、量化、模数转换、色彩空间变换等过程。视频采集卡的工作方式可以是单帧采集或者连续采集。采样频率在25帧以上的，被认为是全动态的捕捉。

（二）视频信息压缩基本原理

对视频信息进行压缩实质就是对数据进行重新编码，大大减少文件的容量。视频压缩主要基于两方面的原理：一是识别并去除图像序列中的冗余信息（空间冗余和时间冗余），以减少存储和传输的数据量；二是根据人类视觉心理特性和图像传递的景物特征，有选择地删除某些信息（视觉冗余）。对三类冗余成分的压缩编码方法如下：

1. 空间冗余

编码一幅视频图像相邻各点的取值往往相近或相同，具有空间相关性，这就是空间冗余度。具体地说，规则物体和规则背景的表面物理特性具有相关性，如一块颜色均匀的块，区域所有点的光强和色彩以及饱和度相近，这些相关性的光成像结果在数字化图像中就表现为数据冗余。从频域的观点看，意味着图像信号的能量主要集中在低频附近，高频信号的能量随频率的增加而迅速衰减。

空间压缩原理就是利用这种图像中相邻像素或像素块的空间相关性进行压缩。因为压缩发生在同一帧内，只针对本帧内的数据而不涉及相邻帧，空间冗余编码也称为帧内压缩或空间压缩。帧内压缩的压缩比通常只有两三倍，但因为每帧独立压缩，不存在帧间关联，便于以帧为单位进行编辑利用。

2. 时间冗余

图像序列中的两幅相邻图像，后一幅图像与前一幅图像之间有较大的相关，而相应的语音数据也存在着类似的时间相关性，这就是时间冗余度。

时间冗余的压缩原理就是在知道了一个像素点的值后，利用此像素点的值及其与后一像素点的值的差值可求出后一像素点的值。因此，它不传送图像本身，而是传送图像的运动和变化部分。MPEG 动态图像压缩技术就是采用移动补偿算法去掉时间方向上的冗余信息。由于这种压缩是发生在相邻帧之间，因此也被称为帧间压缩。帧间压缩可以获得较高的压缩比，但用于压缩内容变化较快的视频时显得连续性不足。

3. 视觉冗余

视觉冗余度是相对于人眼的视觉特性而言的。人眼对于图像的视觉特性包括对亮度信号比对色度信号敏感，对低频信号比对高频信号敏感，对静止图像比对运动图像敏感，对图像水平线条和垂直线条比对斜线敏感，以及对灰度等级分辨能力有限，等等。因此，包含在色度信号、图像高频信号和运动图像中的一些数据并不能对增加图像相对于人眼的清晰度做出贡献，故被认为是多余的，这就是视觉冗余度。视觉冗余的压缩原理就是将人眼不敏感的图像信息去除。

三、视频信息处理方法

（一）线性编辑

线性编辑是电视节目的传统编辑方式，由录像机通过机械运动使磁头将 25 帧 / 秒的视频信号顺序记录在磁带上，在编辑时也必须顺序寻找所需要的原始视频画面。通常使用组合编辑将素材顺序编辑成新的连续画面，然后再以插入编辑的方式对某一段进行同样长度的替换。如果要插入与原画面时间不等的画面，即要删除、缩短、加长中间的某一段，只能将该段后面的片段抹去重录，而且每编一次，视频质量都要有所下降。

线性编辑的技术比较成熟、操作相对于非线性编辑来讲比较简单。但线性编辑系统的连线比较多、投资较高、故障率较高。线性编辑系统主要包括编辑录像机、编辑放像机、遥控器、字幕机、特技台、时基校正器等设备。这一系统的投资比同功能的非线性设备高，且连接用的导线如视频线、音频线、控制线等较多，比较容易出现故障，维修量较大。

（二）非线性编辑

非线性编辑借助计算机来进行数字化制作，不采用磁带而是用硬盘作为存储介质，记录数字化的视音频信号，以实现视音频编辑的非线性，即对素材的调用可瞬间实现，突破单一的时间顺序编辑限制，可以按各种顺序排列，具有快捷简便、随机的特性。非线性编辑只要上传一次素材就可以多次编辑，信号质量始终不会变低，所以节省了设备、人力，提高了效率。

非线性编辑的实现，要靠软件与硬件的支持，这就是非线性编辑系统。一个非线性编辑系统从硬件上看，可由计算机、视频卡或 IEEE 1394 卡、声卡、高速视频硬盘、专用板卡以及外围设备构成。为了直接处理高档数字录像机来的信号，有的非线性编辑系统还带有数字分量串行接口（SDI）标准的数字接口，以充分保证数字视频的输入、输出质量。其中视频卡用来采集和输出模拟视频，也就是承担 A/D 和 D/A 的实时转换。从软件上看，非线性编辑系统主要由非线性编辑软件（能够编辑数字视频数据的软件）以及二维动画软件、三维动画软件、图像处理软件和音频处理软件等外围软件构成。非线性编辑系统将传统的电视节目后期制作系统中的切换机、数字特技、录像机、录音机、编辑机、调音台、字幕机、图形创作系统等设备集成于一台计算机内，用计算机来处理、编辑图像和声音，再将编辑好的视音频信号输出，通过录像机录制在磁带上。现在绝大多数的电视电影制作机构都采用非线性编辑系统。

参考文献

[1] 李春平，韦立梅，张淑荣．计算机网络基础与实践 [M]. 北京：电子工业出版社，2023.03.

[2] 高阳．计算机网络技术及应用第 2 版 [M]. 北京：清华大学出版社，2023.06.

[3] 李彩玲．计算机应用技术实践与指导研究 [M]. 北京：北京工业大学出版社，2022.07.

[4] 王钱超．计算机应用技术基础实践教程 [M]. 合肥：合肥工业大学出版社，2022.08.

[5] 高尚衡．云原生开发实践 [M]. 北京：清华大学出版社，2022.08.

[6] 杨东芳，白鑫．新编大学计算机实践指导 [M]. 北京：中国铁道出版社，2022.01.

[7] 毋建军，姜波．计算机视觉应用开发 [M]. 北京：北京邮电大学出版社，2022.06.

[8] 高林娥，胡娟，武建业．计算机网络基础与工程实践研究 [M]. 北京：中国原子能出版传媒有限公司，2022.04.

[9] 余萍．“互联网 +”时代计算机应用技术与信息化创新研究 [M]. 天津：天津科学技术出版社，2021.09.

[10] 潘天红，陈娇．计算机控制技术 [M]. 北京：机械工业出版社，2021.02.

[11] 朱长元，钱晓雯．计算机应用基础第 2 版 [M]. 苏州：苏州大学出版社，2021.02.

[12] 黄侃，刘冰洁，黄小花．计算机应用基础 [M]. 北京：北京理工大学出版社，2021.08.

[13] 穆德恒．计算机网络基础 [M]. 北京：北京理工大学出版社，2021.08.

[14] 陈君涛，展金梅，陈焕东．信息技术与课程深度融合研究与实践 [M]. 长春：吉林大学出版社，2021.03.

[15] 林卫国．计算机网络协议分析与程序设计实践 [M]. 北京：中国传媒大学出版社，2021.12.

[16] 田凌燕，孔令信，杨方捷. 大学计算机基础实践教程 [M]. 重庆：重庆大学出版社，2021.08.

[17] 周晓辉，王晓荣，吴卫龙. 基于计算思维的计算机基础实践指导 [M]. 西安：西北工业大学出版社，2021.08.

[18] 易威环，许满英，王英资. 计算机应用技术基础与实践 [M]. 天津：天津科学技术出版社，2020.07.

[19] 潘银松，颜烨，高瑜. 计算机导论 [M]. 重庆：重庆大学出版社，2020.10.

[20] 马志强. 计算机网络技术与应用 [M]. 长春：吉林出版集团股份有限公司，2020.05.

[21] 孙超. 计算机前沿理论研究与技术应用探索 [M]. 天津：天津科学技术出版社，2020.06.

[22] 周宏博. 计算机网络 [M]. 北京：北京理工大学出版社，2020.08.

[23] 韩立杰. 计算机网络技术理论与实践 [M]. 天津：天津科学技术出版社，2020.07.

[24] 桂学勤. 计算机网络工程实践 [M]. 北京：中国铁道出版社，2020.07.

[25] 高金锋，魏长宝. 人工智能与计算机基础 [M]. 成都：电子科学技术大学出版社，2020.09.

[26] 赵亮. 计算机软件测试技术与管理研究 [M]. 北京：中国商业出版社，2020.05.

[27] 崔迪. “互联网 +”时代计算机算法的应用及其实践研究 [M]. 北京：中国原子能出版社，2020.05.

[28] 李晓华，张旭晖，任昌鸿. 计算机信息技术应用实践 [M]. 延吉：延边大学出版社，2019.07.

[29] 初雪. 计算机网络工程技术及其实践应用 [M]. 北京：中国原子能出版社，2019.03.

[30] 杜菁. 计算机应用技术实践指导 [M]. 北京：中国铁道出版社，2019.03.

[31] 卢晓丽，于洋. 计算机网络基础与实践 [M]. 北京：北京理工大学出版社，2019.09.